U0119314

健康宅【全家大滿足版】

觀念＋設備＋工法，

小升級換大舒適，住好家越住越健康

原點編輯部

原點

目錄 Contents

Chapter 3 家的健康體質再升級
健康家設備vs.建材12款

Chapter 4 破解住的疑難雜症
40個不可不知的居家健診

住好家並不難，
健康宅5大關鍵

有多少人知道？馬路旁的住家，每天開窗讓空氣對流，
看似健康的舉動，卻會造成心血管問題；
有多少人知道？西曬是可以不必忍耐的，讓家降溫也不一定要花大錢，
只要懂得原理，免費的「空氣」就會成爲家中最好的隔熱層。

有多少人知道，自宅的健康指數狀況究竟如何？其實，台灣的住宅經歷過美型與風格的外在階段，如今漸漸地向內探求，從自然舒適與健康養生著手。大家漸漸了解到通風、光線是居家的必備品；也明白原來前些年讓人一進新屋就「淚流滿面」，並不是太過感性，而是甲醛問題；更進化的裝修老手，還能一眼看穿，雖然本身是綠建材，但夾縫中卻躲著暗自竊喜的黏膠接著劑餘毒。

房子和人一樣Body要Happy，
最怕冷熱失調喘不過氣

一位家族經營家具業已數十年的屋主說，因爲從小就知道板材有多毒，所以自家裝修時，幾乎是和設計師把整個台灣翻過來，耗盡心力的尋找各式各樣的無添加建材，就連當初買屋，看上的也是從屋頂到外牆都能吐吶呼吸的好體質房子，這樣的費工費力，無非都是爲了自己最珍惜的老婆和孩子。

然而，一個建康的家和人一樣，不只要選材（衣服要小心螢光劑、保養品有沒有過期？），還得注意如經絡般的水電管線問題；呼吸順不順，肺好不好的引風通風問題；並覺察體溫高低，排汗是否正常的住家隔熱防曬防潮除濕等……林林總總狀況。

很多時候我們認爲是自己身體不好（睡醒依然很累、進房間就打噴涕……），總找不出原因，卻沒想過，很可能是房子的Body 不Happy，把病氣傳染給住在裡頭的你！

好觀念＋好設備＋好工法，
全方位創造健康居家

「打造一個建康住宅，鐵定很昂貴！」
其實我們可以不用那麼憤世嫉俗，就算不是含著金湯匙出世也沒關係，要知道，健康之前人人平等，只要有「好觀念」，自己也能替家裡的環境初期診斷直接改善。像是照度不足的問

開窗與採光的方式決定了家的舒適度。(圖片／李靜敏空間設計)

題，燈具的分區與選用，甚至定期除塵都是重點(見P227)，此外，先前提到大馬路旁的住宅，問題在於空氣中懸浮浮粒過高，若非得開窗最好只留10cm縫隙，再加掛窗簾，降低懸浮粒入屋的同時，也達到空氣可流通的需求(見P225)，懂得了原理，就好比感冒前喝薑湯呑維他命C，小小動作，大大有用。

至於已經入住多年的住宅，越住卻越覺得不對勁，原因可能來自年齡增長，身體對於居住的需求已經不同，像是住公寓爬樓梯腳卻沒力；或樓上的隔壁的跑跳聲、音樂聲，總在深夜磨人心魂，甚或是附近興建工程粉塵灰沙滿天……搬家不可能，買屋換屋更不用談，結果常常是得繼續忍受，無法解脫。這時，添購解決問題的健康設備、建材，做個局部小安裝／裝修，像是樓梯升降椅(見P204)、善用隔音墊(見P192)，或加裝全熱式交換機進行換氣(見P184)，都會讓居住品質大爲升級。

如果說，好觀念可以養生，好設備是用來進補，那麼從好工法上著手，就是把底子打穩，創造住家天生好體質。從開窗位置開始，一次設定好風的動線與光的引入；從管線開始，擁有排氣暢通的清新居家；也可以從雨水與二次用水回收開始，節能之餘，還省下一筆開支。

軟木地板的耐撞防護，可讓老人與小孩得到保護。(圖片／台亨)

健康的房子有5大關鍵

找到了整頓家的方法，健康的空間必然也連動式地，產生了健康的生活。

從可以感受到的外在來看，「光、風、水、素材」是最被關注的主要元素（因），處理得當與否，則會衍生出溫度、濕度、空氣品質、聲音傳導（果）……的同等回饋。至於最常被忽略的，往往是家族成員的內在需求是否被達成，舉凡安全感（包括災害與意外）、尺寸、嗜好、行動便利性、親密與獨立的生活距離，也都是一個健康住宅所需要提供的空間滿足。

然而，怎樣才算是健康宅呢？透過書中不同的案例，我們可以發現一些共通點：

無添加建材——自然材與無毒材

無論是屋主或是設計師，甚至於業者三方面，近來皆有意識且積極的將環保建材（如超耐磨地板、OSB板）、自然材（如原木、石材、鐵件）運用在居家裝修中。
不只是一味仰賴進口產品，台灣的建材也逐漸有了一席之地，如眾所周知可調整室內濕度的珪藻土，已有住宅開始使用成大所研發的「水庫淤泥材」替代（見P212），一樣的效果但價格上更爲平實，不只是壁材，就連台灣製造遊艇所用的防水無毒板材，也被眼尖的設計師發掘出來，運用於居家浴室中（見P170）。

使用了水庫淤泥的壁塗以及OSB板的居家。（圖片／同心圓綠能）

2 空間好舒適——適溫、除濕、活氧、寧靜

只要多注意一下，不難發現讓人感到舒適的房子，大多採開放空間。將客廳、餐廳以及廚房整併在同一空間，將牆體的阻隔感破除，也創造風的流暢。

在許多令人困擾的居家問題中，西曬和高溫排行第一，並不是每戶人家都是座北朝南，但如果擁有陽台，遮陽的效果會大為加分，倘若是在頂樓，透過「雙層屋頂」裡的中空空氣層（見P052），熱度會被阻擋在外。「隔熱牆」也是同樣原理，可以從地板、壁面，甚至於天花板屋頂，創造一個可流動的空氣層，這樣的房子，即使是人不在家無法開窗通風，也能自體呼吸，將悶熱排放出去（見P122）。能夠呼吸的房子，在除濕的效果上也連帶的晉級，如同一條濕毛巾，在通風處會慢慢的乾爽起來。

隔熱的屋頂設計，結合了雙層屋頂、深屋簷以及防西曬的格柵牆。（圖片／李靜敏空間設計）

3 家族大滿足——熟齡、兒童、不便者、獨立與親密、嗜好

家人們對於空間的需求，會依照不同的年齡，家中的分工與角色，而有所差異。身為主婦最在意的莫過於廚房，貼心的設計於是產生，除了開放式的餐廚合一，方便媽媽照料小孩，熱炒區的獨立規畫，也免除了家中油煙的散逸。而家中長輩的行走動線加寬加大、推拉門、電動大門的省力效果，都讓老爺爺老奶奶的生活增添不少便利。有些設備，還會讓人會心一笑，如日系住宅中，面盆上可以深縮，像花灑般的龍頭，火速解救了急著出門卻沒太多時間洗髮的家中女性。(P132)

4 安全又防災——防風、防震、防跌的浴室、樓梯設計

家中最常發生意外的地方，莫過於浴室，如果是透天厝，那麼樓梯的存在便是殺手級角色。水氣多的衛浴空間，止滑地磚是首選，家中若有老人家，扶手則是必要配備，若要再升級，緊急求救鈴可以設在浴缸旁，而浴室門也可以規畫成局部穿透，保有隱私卻也可以隨時注意家中長輩的動靜(P91)。

樓梯部份，踏面與高度會是重點，緩而寬的階梯的安全度較高，此外，若真考慮到摔跌的預防，止滑的皮革踏面結合厚墊的軟式樓梯(P179)，即使真的不小心跌下，也能將碰撞的傷害降低。

5 與環境友好——住在自然裡，雨水再回收、屋頂菜園、生態池

沒有人不想住在自然裡，有時願望可以實現，但若是距離夢想還差一點，別灰心，把自然裝進住宅裡也是很不錯的方法。綠植與家的共生，可以成為遮陽的綠簾，可以創造微氣候替屋頂降溫(P96)，還可以撥出一小塊成為食用菜園。而這不僅對身心有益，也是把鄉下愛種菜、愛養花的老媽媽，騙來都市一起生活的好方法。

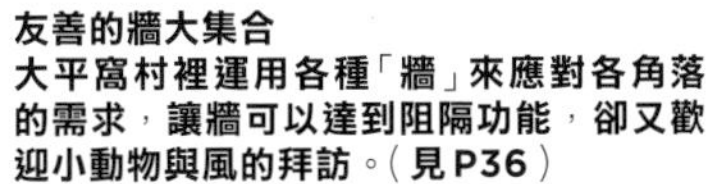

友善的牆大集合

大平窩村裡運用各種「牆」來應對各角落的需求，讓牆可以達到阻隔功能，卻又歡迎小動物與風的拜訪。（見P36）

1 **鋼絲網牆** 可以讓院子裡的植物攀爬成為綠籬。
2 **點焊鋼絲牆** 忍冬（金銀花）攀爬夏季會開小黃花，隨著時間越長越茂密，就不擔心隱私問題了。
3 **竹籬＆綠籬** 竹籬也是很有情趣的圍牆。
4 **木格柵** 木格柵要通風有風，要隱私有隱私。
5 **空心磚牆** 空心磚牆表面粗糙，讓植物可以攀爬。
6 **枕木牆** 以前鐵路用的枕木變成圍牆。
7 **RC混凝土牆** 混凝牆傾斜角度讓天空看得較多，牆與牆間不忘留出風道。
8 **預鑄陶粒板牆** 採斜向設置可阻隔快速通過車輛的視線，冬季時可以阻擋強勁的東北風。 （攝影／Yvonne）

Chapter 1

大阪「Next21」

日本綠公寓，
節能、趣味、便利友善之家

1 穿梭立體綠化的三維街道

2 骨架與填充物的建築概念

3 私人住宅的18種提案

4 節能vs.替代能源永續對策

日本・大阪「Next21」

——直擊實驗住宅的真實生活

大阪市天王寺清水谷町附近的住宅區內，一棟造形奇特建築被大樹與爬藤植物占據，市中心有如出現一座大樹島，彷彿宮崎駿畫筆下的天空之城，降落在現實世界。這棟極度前衛的建築，是大阪煤氣公司建造的實驗住宅NEXT21，它實現了人們對住宅可變、節能、健康、綠化的各種期待，同時也是探討能源議題，建築師與能源公司們從中找答案的巨大實驗場。

實驗住宅「NEXT21」，是真真實實用生活記錄下軌跡，至今仍一再更新的綠色之家。

NEXT 21五大特點

骨架填充	SI工法（乾式施工）＋吊掛外牆
環境共生	智能屋頂，生態進駐
節能vs.替代能源	太陽能發電＋燃料電池＋汽電共生系統
立體（三維）街道	廊道＋外梯＋空中橋樑
多樣住宅計畫	18個理想家宅實驗組合

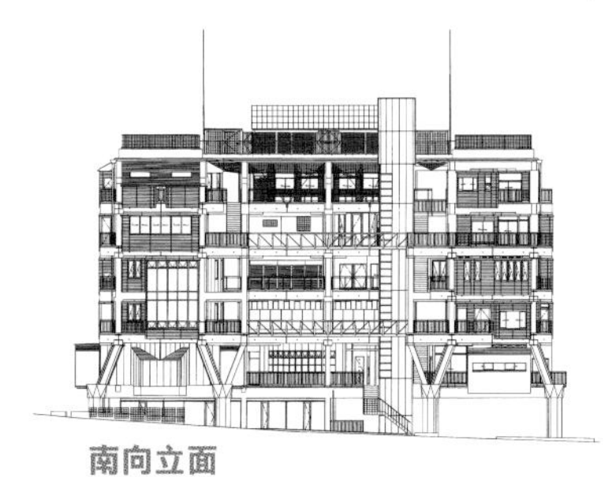

南向立面

HOUSE DATA

住宅名 NEXT21實驗集合住宅
所在位置 大阪市天王寺區清水古町16-6
所屬單位 大阪煤氣有限公司
建造時間 1993年
建築設計 大阪煤氣NEXT21建設委員會、內田祥哉、巽和夫、集工舍建築都市デザイン研究所（主持近角真一）
建築型態 集合式住宅
建築工法 SI工法（Skeleton Infill）
樓層數 地下一層、地上六層
總戶數 18戶
基地面積 1542平方公尺
建築面積 896平方公尺
總樓板面積 4577平方公尺
空間配置 B1F資源回收處理空間，1F停車場、管理室、資訊室、生態池，2F圖書室、公共開放空間，3F-6F住宅單位，屋頂花園、太陽能系統
建材 B1F-2F鋼筋混凝土，3F-6F預製混凝土與鋼筋混凝土複合構法

文字／李佳芳
攝影／Lance Xiao（蕭景中）
受訪者／近角真一
圖片、資料提供／集工舍建築都市設計研究所

1

2

3

日本自二十世紀初不斷發展大量供給的集合住宅，從1927年同潤會青山公寓、1966年草加市松原團地等，至1970年後，這樣的需求呈現飽和狀態，在使用中慢慢暴露出來種種住宅危機，如能源、改建重塑等都成爲急待解決的問題。

在當時氣氛下，建築界對什麼才是都市型集合住宅急切尋求更好的解答。NEXT21實驗住宅計畫發想於1990年，時值泡沫經濟頂峰，人們享受經濟富裕帶來的甜美成果，卻也開始意識接踵而至的種種生存問題。身爲能源公司的大阪煤氣公司，憑敏銳直覺認爲應在舒適生活與地球暖化間，設法找到解決的折衷方案。因此，便以正在實驗階段的燃料電池爲核心，開始了實驗住宅計劃。[1]

大阪煤氣NEXT21建設委員會中，以日本知名構造學者內田祥哉、集工舍建築師近角真一爲首，統籌構造與建築設計，室內空間則以及大阪煤氣、腔棘魚設計事務所（現K&H）、住宅都市整理公團（現UR都市機構）等十三個建築師所設計，融合「骨架填充」、「立體街道」、「環境共生」、「多樣住宅計畫」等概念，可算是一個專門研究住的巨大實驗室。

建築師／近角真一
1947年生，1971年畢業於東京大學工學部建築學系後，加入內井昭藏建築設計事務所，1985年成立集工舍建築都市デザイン研究所，現任集工舍所長，作品曾獲1983年BCS賞（武蔵大学キャンパス再開発）、1995年通產省G-MARK賞（NEXT21實驗集合住宅）、2008年JIA環境建築賞優秀賞（求道学舎リノベーション）。
網址：shu-koh-sha.com

註1 大阪煤氣公司在更早的1968年東裡集合住宅、1985年IDELL理想住宅就開始進行住宅實驗，研究高齡化、自動化、情報化，及有效利用能源等課題，但全面性與規模程度都不及NEXT21。

1 彩色不鏽鋼板是吊掛式外牆的一種。
2 儘管建築物容積率有300%，但建築75%幾乎都被植物所覆蓋，NEXT21幾乎要被綠色包圍的建築，是城市裡名符其實的綠洲。
3 一樓水景可上至二樓空間。
4 一樓資訊室詳細介紹建築生態，加上定期社區刊物發表，使環境教育與生活相息。

上町コロコロ新聞

NEXT21収穫祭

NEXT21の屋上菜園ほかで夏野菜を収穫！

7/26

たくさんの越瓜と南瓜が、今年も屋上で育っていました。

玉造黒門越瓜や勝間南瓜などのなにわ伝統野菜をはじめとして、NEXT21の屋上や各階菜園で栽培されている夏野菜の収穫祭が7月26日に実施されました。陽当たりの良い屋上菜園では、野菜類もすくすく育って立派な実がいくつも。子どもたちが歓声をあげながら収穫した後は、みんなで準備をして、バーベキューパーティ。美味しくて楽しい時間を過ごしました。

4

4

part 1

穿梭立體綠化的三維街道

廊道、外梯、空中橋樑，
依心情選擇回家的路

1 完工第一個六年，NEXT21已可發現22種鳥類和21種新生植物。
2 景觀設計師江木剛吉曾表示，宮崎駿的天空之城是NEXT21的設計原點。

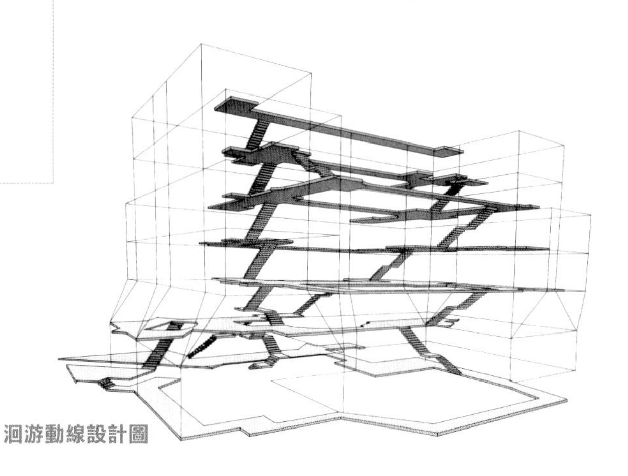
迴游動線設計圖

NEXT21是一棟地上六層、地下一層的集合住宅，建築佔地1430坪，平均每戶享有近80坪的面積。整體建築輪廓呈現U形，南側地面層爲共有中庭，其一樓爲停車場、管理室、資訊室與生態池，二樓爲圖書室與公共開放空間，三樓至六樓則爲住宅單元，穿梭建築的動線以廊道、外梯、空中橋樑，構成三維街道，並配合從上到下的立體綠化，使NEXT21成爲都市水泥叢林中的綠洲。

NEXT21希望創造出能吸引生態進駐的環境，讓人們可以與自然和諧生活。在建築東西翼利用人工智能屋頂，栽植大型綠色喬木，吸引天空飛翔的鳥兒注意後，再利用每一層樓寬闊的戶外走道種植低矮灌木群，建立「鳥類走道」，讓鳥類自然而然沿著屋頂樹木，往下進入到住家範圍與中庭，使斑鳩在其間築巢、蝴蝶在花叢中飛舞，完成一座小而美的生態系。

在東亞炎熱潮濕狹小的氣候環境，NEXT21住著一群把通風或自然當成恩惠的人們，一邊配合其他人家裡的門窗，設計自己也能愉快享受的門窗；因爲不想被看見房子裡面，又種了很多植物來遮蔽，使人們享有可以相遇交談的院子，放學後的孩子有穿梭奔跑的小徑，到屋頂採收橘子樹、撿拾落下的堅果，或欣賞盛開的花，因季節帶來的自然樂趣不斷在建築裡發生。

近角眞一說：「就全體來看，這件事情有著不可思議的協調感。我認爲是歐洲的建築文化沒有的。如果要定義NEXT21，它應該是屬於東亞的集合住宅吧！」

立體街道設計　每一戶住家由空中街道串連，動線設計為洄游性，上下樓層的路徑也有多種選擇，有內部的樓梯，也有靠著中庭設計的樓梯，建築的兩翼有空橋銜接，人們可隨意選擇回家的方式，也方便途中順道到誰家喝個茶或打個招呼，這些街道都是住戶們的公共交流區。加上從上到下綠化實施，製造比真實街道行道樹還繁盛的風景，更讓人不覺得身在大廈內。

人工智能屋頂設計　負責屋頂綠化工程的東邦レオ株式會社，在屋頂建置大型屋頂花園排水層、滲透式澆灌系統，並設計聚乙烯膜的耐根層，保護屋頂防水層。為了種植大樹，屋頂覆土將近一層樓，使用特別開發的超輕質人工「α ベースⅣ」，土質不會變硬，具3倍隔熱、100倍透水性，重量僅自然土壤1/3，其有機成分可供應植物生長營養，且土壤下的樹根加上人工支柱，以防高樓風壓吹毀。

part 2

骨架與填充物的建築概念

SI工法，
靈活重組住的需求

獨立管道系統　關鍵的管道系統設計，可分為桌子(Table Zone)、渠道(Canal Zone)討論。住宅單元內，主要活動空間(如客餐廳)為桌子區，其上層樓地板與天花板預留足夠的夾層空間，可以容納各種管道，讓設計師可以自由設計內部空間，不被洗手間、浴室等特殊用途空間的管道問題限制；而各戶的管道銜接至共同管道，則利用走廊下的渠道集中，成為一個方便管理維修的獨立系統。

SI工法(Skeleton Infill)　SI工法是一個簡單的概念，就是把建築物看成兩部分，即骨架(Skeleton)與填充物(Infill)兩大類，且在日本已經發展一套完整乾式施工模式，此工法可將現場澆灌混凝土的比例減到最低，當結構體完成後，住宅裝修階段亦不再有泥作工程。

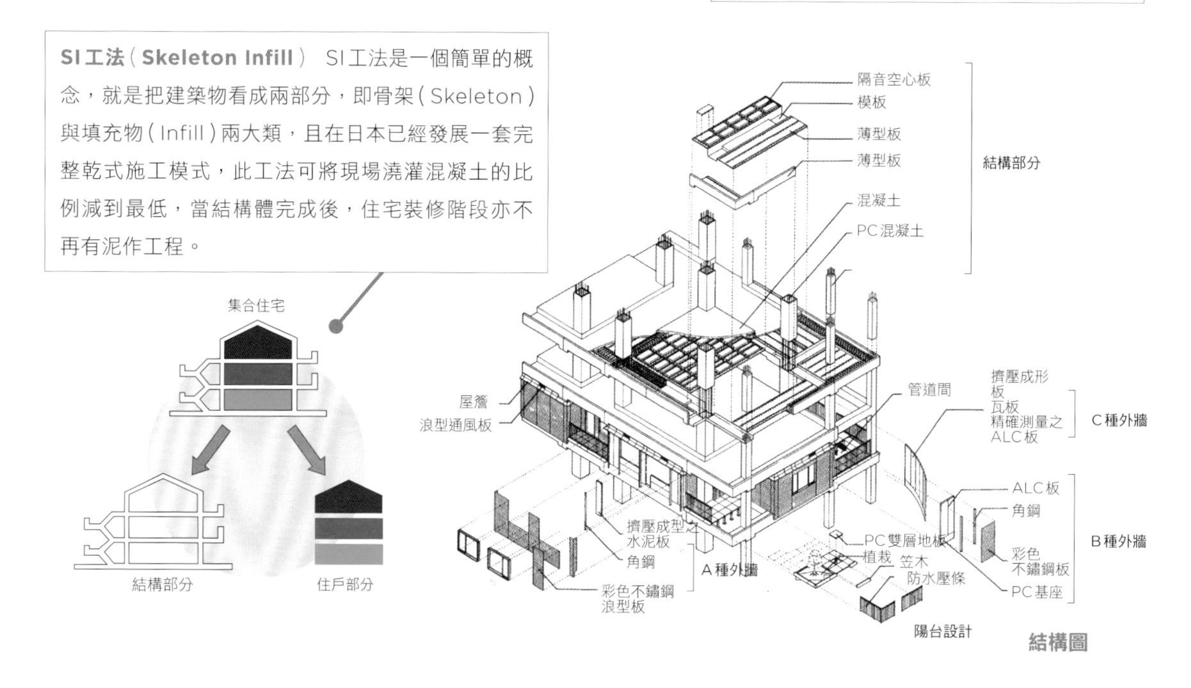

結構圖

NEXT21採用的SI工法將建築構造理解爲「骨架」與「填充物」的關係，骨架部分爲柱、樑、樓板之結構體，而住宅單元的空間與機能則完全採用填充物概念。建築全棟並無承重牆，屬於填充物涵蓋範疇的建築外牆、室內隔間牆、設備、管道間等，都是拆卸後可再利用的建材，加上獨立整合的管道系統，使建築物能透過管道更新延長壽命，而住宅平面也能在不傷害結構體的前題下，依照世代變遷靈活重組。

NEXT21最大的突破在於，將供水管、瓦斯供氣管、雨水排放管、汙水排放管、空氣調節及熱水管……等所有管線整合，不須個別申請、各自施做，做爲研究者的大阪煤氣公司，可以透過這樣的系統實驗新開發的產品、加入替代能源設備，從精細的耗能數據，找出可被廣泛運應的永續方案。[2]

註2　在日本，瓦斯公司不只是能源的提供者，而且還是不同種類的室內設備發展的總策劃，在製造階段、銷售階段及計畫階段都由這個公司掌理，因此回答了為什麼瓦斯公司要投入鉅資，從事如此龐大實驗的原因。

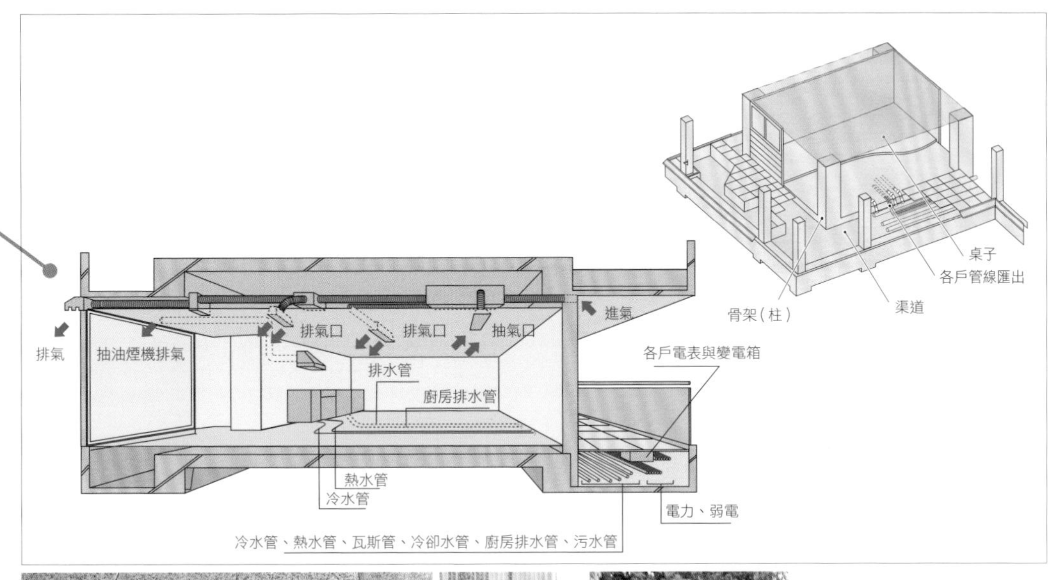

地板下的管線渠道　地板下的渠道整合了供水管、瓦斯供氣管、雨水排放管、汙水排放管、空氣調節及熱水管各種管路。

Y型柱　建築一、二樓為公共空間，因空間跨距較大，使用特殊的Y型柱。

可變的掛式外牆　NEXT21的填充系統中，共有三種吊掛外牆可選擇，面對街道的兩種形式使用特別訂製的彩色不鏽鋼板，開窗形式受到管制，形成強烈統一的建築風格。相反地，面對中庭的外牆在外型表達上則賦予極大自由，唯一限制就是必須使用市面上供應的乾式外牆系統。

part 3

私人住宅的18種提案

引導與發想，
普通人的不普通生活

NEXT21的住戶大多是大阪煤氣公司招募的員工，希望住在這裡的人必須先提出申請，通過審核之後，還得接受各種問卷與面談，甚至一開始就必須參與前端設計作業。相較大部分的集合住宅由建築師從特定的生活型態想像，假定「可能的某人」他的家將會是如何的設計方法，NEXT21卻反其道而行。「因爲實際上過著像畫一樣生活的人並沒有那麼多。等到房子完成後，再去募集適合這個家的人入住，經常造成很多『配對錯誤』的設計。」近角眞一幽默地說。

在台灣，這樣的設計方式大多見於私人獨棟住宅，NEXT21某程度來說，具有集合住宅與私人住宅的設計特質。NEXT21內共有十八個住宅單位，有針對單身者、頂客族、三代同堂等，符合不同家庭結構的房型，也有以派對、工作坊、花園、音樂、健身等嗜好爲概念的設計，這些各式各樣的提案，讓人覺得生活在這裡的住民眞是有趣極了。

事實上，NEXT21的住戶都是看起來很普通的人，沒有特殊的生活型態。「但我們一起做出來的住宅的確具有某些個性。」近角眞一說：「我們發現一般人都擁有非常棒的生活型態，那是在參與過程中被引導出來的。」

2

3

NEXT21住的18種主題

屋號	居住主題	生活形態	建築師／設計師
202	暖快之家	團塊世代夫妻愉快生活的空間，考慮快適性、環境性、安全性與長期生活的經濟性。	川村真次、遠藤剛生 岩崎隆九
301	省能花園	與綠意、微風一起生活，大量利用植栽降溫、開窗照明設計，以減少1/4環境負荷為目標。	立花直美（原設計） KBI計畫設計事務所（改建設計）
302	年輕家庭	和洋折衷風格，承租給生活品質較不要求的年輕居住者。	佐佐木惠子
303	自立家族之家	家庭成員擁有各自玄關，但共用廚房、客廳空間，過著獨立又聚合的家庭生活，	シーラカンスという腔棘魚 設計事務所
304	廣義家族的家	沒有血緣、婚姻關係的同居集團，過著疑似家族，卻又個別尊重的生活。	KBI計畫設計事務所
305	活躍長者之宅	為擁有許多嗜好的長者打造的無障礙空間。	MOI設計（原設計） 大阪煤氣（改建設計）
402	健康的家	本來是工作者的家，根據育有兩子的四口之家要求改建，針對化學物質過敏症等問題，以自然素材打造的住宅。	吉田篤一建築環境研究室
403	音樂之家	設計弧型表演空間的家。	佐佐木惠子
404	木造之家	以和風木造屋為設計的房子，使都市集合住宅重現令人懷念的氣息。	大阪煤氣住宅設備
405	三代同堂之家	祖孫三代住在一起的大房子。	近角建築設計事務所
501	健身之屋	有較大空間容納健身器材，給喜歡運動的人承租。	大林組本店設計部
502	派對之屋	給喜歡熱鬧的人承租，房子裡有泳池，牆壁系統加強隔音功能。	塚口明洋建築研究室
503	手作工坊的家	喜歡手工藝或手作的創意人，可以兼當工作坊使用。	KBI計畫設計事務所
504	安心的家	安靜、寧靜、放鬆的家。	吉村篤一建築環境研究所
601	創時間的家	充滿未來感與高科技的房子。	大阪煤氣住宅設備
603	改變之家	牆面可自由換置，隨屋主喜愛任意改變隔間。	內田祥哉建築設計事務所
604	都市單身族的窩	牆面可自由換置，隨屋主喜愛任意改變隔間。	大阪煤氣住宅設備
605	頂客族公寓	擁有雙收入、沒有孩子的夫妻。	KBI計畫設計事務所 根岸一之建築設計事務所

1 503住宅
手作工坊的家
將創作與生活結合在一起的空間，入住者是喜愛手工藝的人。

2 302住宅
年輕家庭
和洋折衷的舒適空間，以年輕人為訴求。

3 305住宅
活躍長者之家
針對高齡而設計，考量到他們的身體機能，在隔間與設備上特別設計。

case 1
303自立家族之家
挑戰慣性觀念，家庭組織崩解

所有居住單元中，「303自立家族之家」的變化最為顯著，也是NEXT21最受注目的房子。設計構想是由當時新鋭設計師掘場弘團隊，根據大阪煤氣公司研究人員加茂綠觀察這家人的生活方式所提出。

303的住戶為一對夫婦，撫養正值高中生的長男跟國中生的長女。從平面圖上可見，303住宅是由四個小房間（臥室）、一個大房間（客餐廳）組成，並且共有五個大門，每個家族成員的房間都有屬於自己的玄關，若不經過自己的房間就沒辦法進入共用的房間。

這樣奇特的生活動線是這些家庭成員一開始就決定好的，他們就如同這個家的概念一樣，從自己的房間進出自己的家，共同執行如此的生活規範。尤其是男主人，他特別享受這樣的生活。每當工作回來，他一定會在自己的房間內「變身」後，才出去和家人見面，上班前也是先在房間換上西裝姿態才出門。

同一家人卻各自擁有自己的玄關，親密生活之中享有獨立與尊重感。

NEXT21中，類似這樣高度實驗性的房子會不會過於挑戰？近角真一回答：「的確也有不適應的情況發生。」。例如303住宅的女主人，對於這樣好像要四分五裂的生活方式，充滿不安與危機感，她甚至放棄自己的房間，把它變成各式各樣的用途，如共用玄關、夫婦寢室或儲藏室之類，但最終還是沒有為這個房間找到很好的使用方法，因此感到很不開心。儘管利弊參半，但這些實驗設計翻出既定的慣性思考，確實帶來新的刺激。

303平面圖

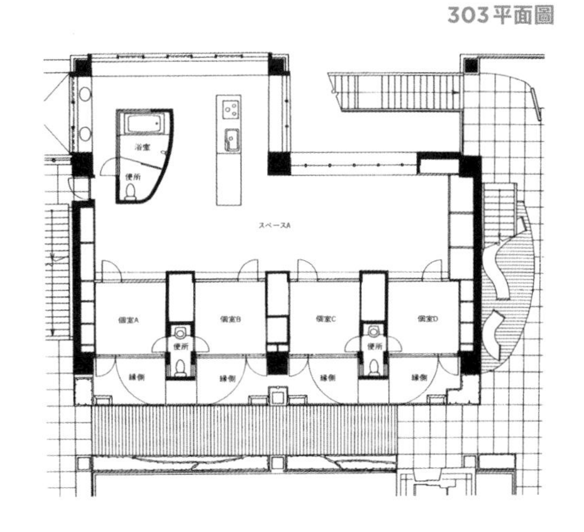

1 原始404住宅分割後，北側單位改建為木造之屋。
2 分割後南側405住宅，是為年輕夫妻所設計。
3 決定生子後，405住宅進行二次改裝，廚房靠窗推移，使擁有獨立的用餐區域。

case 2
404三代同堂之家
依家族推演，二回合改造進程

在「骨架」與「填充物」發展的概念裡，NEXT21允許設計師在日後預測居住者未來生活，重新提出新型態的生活平面。在建築師近角洋子（近角真一之妻）設計的405住宅中，就記錄了這個有趣的時間軸變化。

405住宅的前身是「404三代同堂之家」的一部分，404原為合併兩個單位的住宅，其連結部分為家庭成員共用的餐廳，後來為了預備年輕家族遷入，從中分割為404木造之屋與405次世代之屋，將一個大家族平面分割給兩個小家庭使用，過程中調整了外壁，也增加了新的街道。

新遷入的405住宅，成員是一對沒有小孩的年輕夫婦，原本的設計是男女主人各擁有獨立個室，可做為書房或在家工作的仕事所，他們很滿意這樣的空間，開心地住了兩年半。在後來的居住訪視中，大阪煤氣公司的研究人員做了很多問卷調查，從生活習慣、住的方法、未來

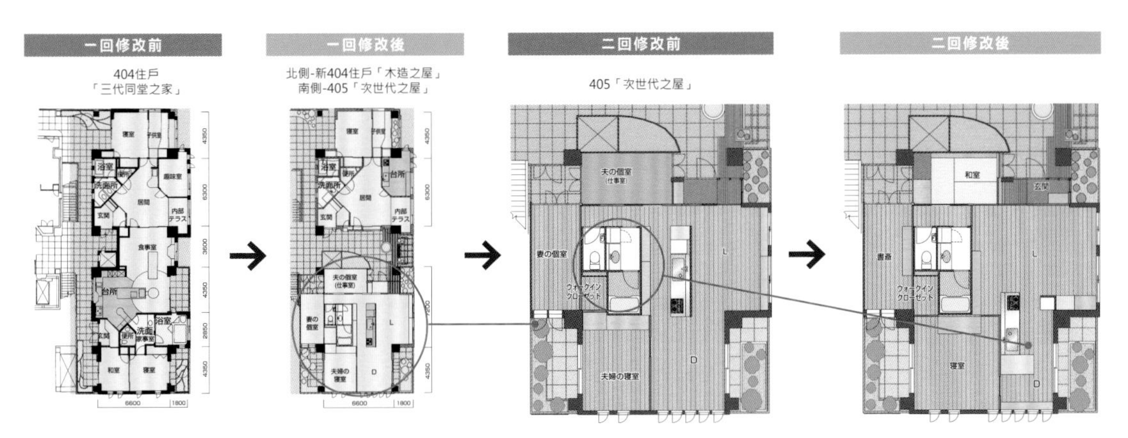

405住宅的時間軸變化 404三代同堂之家改建成新404與405過程。405入住後三年也進行改造，計畫由京都大學高田光雄教授主持，從設計圖上，甚至可見空間調度是利用靈活隔間（紅線）與櫃體挪移（粉紅方塊）的方式進行，改造過程僅造成5%廢棄物，再利用率相當高。

想像圖挖掘他們內心的想法，經過六次的討論會議後，擬定了他們面對未來的空間腳本：A方案是小孩出生後的空間，B方案是持續沒有小孩的空間，這兩個方案都是以「未來選擇這樣的時候該怎麼辦」的角度去思考。

第三年，選擇A方案的年輕夫婦再次入住。原本島型的廚房為了安全與家人活動考量，退到了窗邊，而共有的寢室被加大了。儘管兩人不再擁有個室，仕事所被改造為方便哺育孩子的和室，但共有的寢室空間擴大了，廚房也有獨立用餐空間，書齋則取代成為工作的安靜角落。

回想整個改造過程，近角真一說：「當大阪煤氣公司提出改建時，設計師曾稍稍感到困惑，明明住得很滿意，為什麼卻要改建呢？但實驗之後，這對夫妻回饋許多滿意的想法，還附上親子三人的合照。改建成功了，小孩也出生了，忍受著繁瑣的實驗，總算得到好的代價。」

part 4

節能VS.替代能源永續對策

生活中驗證，
住的再革新！

NEXT21的住民家中，可見各式各樣針對健康、舒適、節能的設計與設備，如可減少30%能源損耗的隔熱建材、冬天保暖的溫水暖床[3]、24小時換氣系統。此外，NEXT21的住民們同時也是大阪煤氣公司新開發產品的最佳試用者，在住宅內可見各式新開發的產品，例如浴室有可降低音頻的柔性防水層、遙控花灑、浴缸自動清洗系統；而組件廚房內則有實驗熱源機，連結炊飯器、瓦斯爐、烤箱，將一次燃燒能源，做最有效的分配，每月為住戶省下更多電費與瓦斯費。

針對維持建築運作的能源系統，NEXT21大約每五年時間會進行一次革新（Renovation），截至2011年已進行了三個階段。第一、二階段以節能為目標，加入單晶矽太陽能發電、廚餘燃料電池、小型汽電共生系統；至第三階段則進入能源實驗階段，導入氫燃料電池、汽電共生系統等。比喻成人體，NEXT21擁有強健的軀體，且最重要的循環、動能、排放系統還能定期汰新，免除疲弱的種種病症，除了減碳永續的環境策略，自體還能長保安康。

註3 在地板下埋設溫水管的暖房系統。

燃料電池替代能源　是一種使用燃料進行化學反應產生電力的裝置，NEXT21階段性使用數種燃料電池。第一階段，在地下室設置廚餘燃料電池，輔助空調與熱水供應。第二階段在屋頂上設置水素燃料電池，將天然氣產生的氫轉化成能源。

汽電共生節能系統　第二期革命開始加入小型汽電共生系統實驗，到了第三期技術更為純熟，汽電共生系統使用可以化石燃料（瓦斯、天然氣）發電的固體氧化物燃料電池，配合每戶儲熱型貯湯槽，形成熱能循環系統。燃料電池加熱的水會統一儲存在大型貯湯槽內，主要配給風呂熱水，而另一方面燃燒產生的餘熱，同步加熱上方儲水槽，輔助暖房溫水系統，使能源達到最效的使用。

NEXT21第一、二階段設備

空調設備　VAV變風量空調系統、
24小時通風空調系統（全熱交換機）

給水設備　加壓給水系統、自動澆水系統

回收設備　廢水生物處理機、
廢水循環再利用系統

節能設備　汽電共生系統、
單晶矽太陽能發電（7.5kW）、
廚餘燃料電池（100kW）、
中繼煤氣加壓供給系統（1500mmaq）

舒適設備　地板暖氣、浴室加熱烘乾機、
廚餘粉碎機

面對中庭的外牆擁有較高的自由度，因此有三角窗、弧形牆等不同設計，展現出每一戶人家的個性。

集合住宅綠生態。

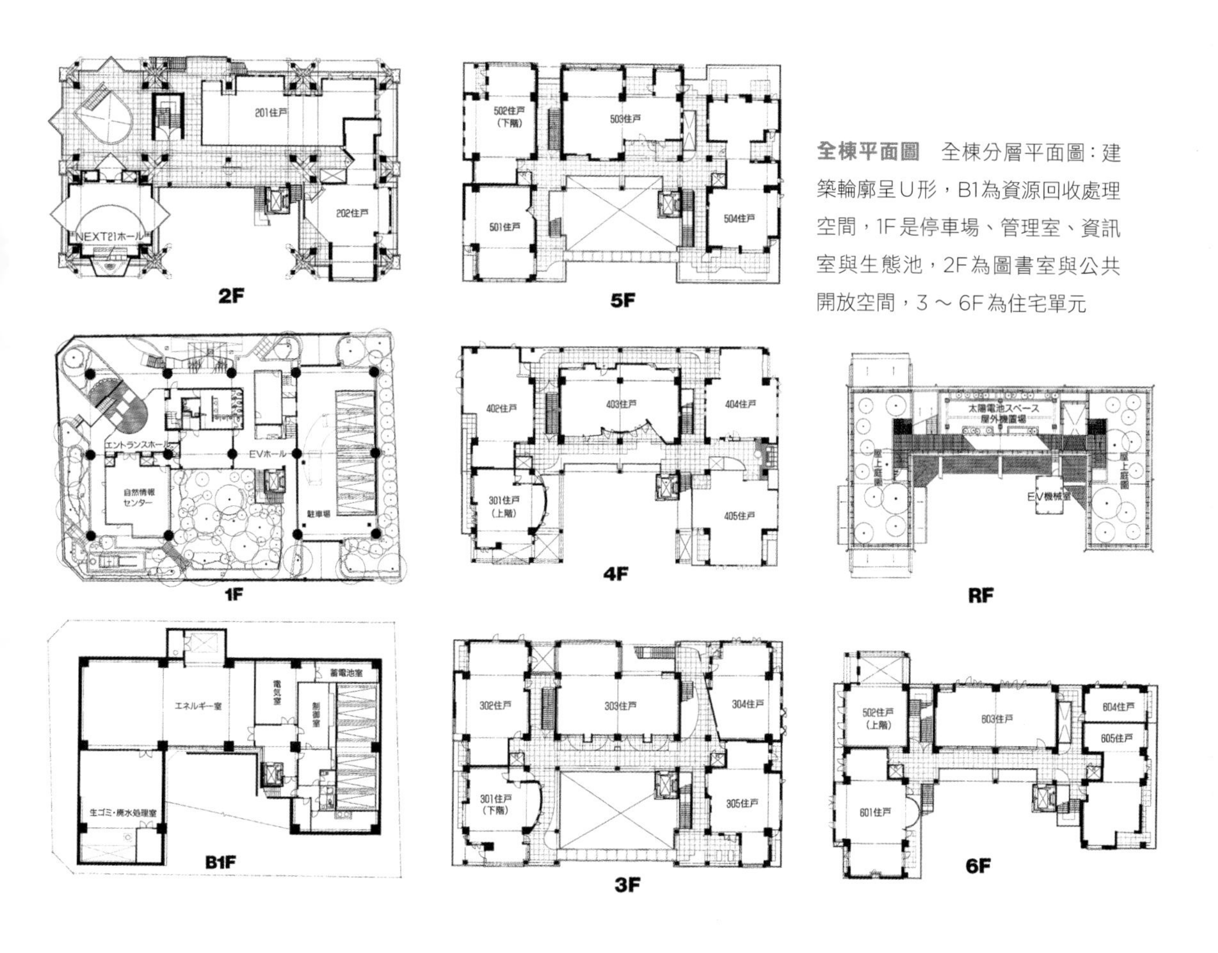

全棟平面圖　全棟分層平面圖：建築輪廓呈U形，B1為資源回收處理空間，1F是停車場、管理室、資訊室與生態池，2F為圖書室與公共開放空間，3～6F為住宅單元

永不停止！邁入第四次革命

1994年建造迄今，在那清麗盎然的外表下，正要進行第四次的革新計畫，迎接新一代的住民。

2012年底即將完成的第四階段實驗，將進一步調整電熱泵空調組合，將各戶使用的燃料電池連結在一起，使整棟生產的電跟熱可以統一分配使用，並且要挑戰用廚餘垃圾在無氧室下發酵，製造生態瓦斯，自製替代性能源。

尤其，東日本經歷311大地震和福島核洩漏事故後，能源問題已經演變成一個國家性議題，在兩方輿論激烈爭論之下，身爲能源業者的大阪煤氣公司，想實驗的事情更是像山一樣多。

從頭親身參與設計的建築師近角眞一，於是爲NEXT21這樣一棟其妙的集合住宅下了如此註腳：「NEXT21的實驗沒有結束的一天，或者可以說繼續實驗就是這棟建築的宿（使）命」。透過人們長期生活的實際觀察，NEXT21儼然是最好的試驗場，找遍全世界大概也只有這裡可以如此吧。

Chapter

2

健康住宅12

1 與環境友好

樹屋、菜園、水圳，新村落式節氣生活

開窗就涼，跟著風動的草原式房子

風土住宅，打破西曬舊思維

2 家族大滿足

90歲爺爺86歲奶奶的便利生活家

輪椅老爸的無礙住宅

3 空間好舒適

迎南風避北風，家的自體滿足

夏日低3度，冬日暖呼呼的安居之所

對抗西曬的光影住宅

用中醫概念打造一個家

4 無添加建材

天然木素材，一週間完成自然居家

LOHAS夫妻的綠能空間

100%無添加，既Man又娘的健康窩

01 與環境友好

樹屋、菜園、水圳，新村落式節氣生活

——大平窩村，健康好工法

文字／李佳芳　攝影／Yvonne、王正毅、陳宜佩　照片來源／大平窩村原型實品屋及社區實景

窩村是半畝塘多年累積的實踐，將節氣與村落的概念置入住宅群中，不只在公設概念做了大轉彎，讓樹屋、菜園取代了健身房，生態池與釣魚台替換了泳池的存在，同時，房舍的設計也透過精準的規畫與設備，試圖與自然共好，這樣的居住空間，似乎給了「集合住宅」與「住的多樣性」，一個對立之外的答案。

村子口以老樹為地標

HOUSE DATA
所在地 新竹縣新埔鎮
住宅類型 獨棟24戶社區
居住者 夫婦2人
基地總面積 3,977坪
村內面積 3,343坪
村外面積 634坪
獨棟面積 31坪
獨棟樓板面積 83坪
空間配置（1F）起居室、客廁、露台（2F）客廳、廚房、孝親房、客廁、露台（3F）主臥、書房、和室
使用建材
外牆／花崗岩、杉木清水模板、紙模清水模、抿石子、輕質瓦、晴雨漆
開口／鐵件、膠合玻璃、鋁窗、實木門
室內／鐵件、玻璃、磁磚、清水磚、石材、實木樓梯踏板
景觀／榕樹、樟樹、八重櫻、無患子等
植栽（其他）／桂花、紫薇、水蠟燭、扶桑、梅、紫檀、地毯草等
鋪面／戶外枕木、固綠格、埔里石、碎石
健康設備 中央集塵、軟水過濾器

住的大滿足 123

守望室旁是窩村會館，建築風格融入紅磚、玻璃元素。

無毒純淨

再生陶粒牆。
回收枕木使用。
不上漆的木作大門。

生活滿足

社區共有
公共廚房與茶室。
住家
大露台。

通風散熱

屋頂碎石隔熱。
白努力通風口。
當層排氣。
排水管透氣。

自然節能

雨水回收系統。
多樣性透水鋪面。
可通風植生的牆。

大平窩村是台灣罕見集合式住宅型態，住在這裡的二十四戶人家捨近求遠搬到市郊來，他們與半畝塘用一種很特別的方式合作，完成很有生活味的田園住宅；並且，他們願意捨棄豪華設備，換取回歸自然的生活，那建築本身的設計不僅完全迎合當地風土變化，規劃方式也回歸農村時代，在相互看望的村子之外，還有很另類公設—不是泳池、不是健身房，而是農田、濕地和樹屋。

實踐農村生活的另類公設

在窩村，走路變得很有趣，腳底下不是燙熱僵硬的柏油，有時候得跳著大石才能越過水塘，或者踩進一片石礫裡，用腳底彈奏沙沙的音樂，又或者跳進固綠格裡，讓青草隔靴搔癢，自然離人不遙遠，大概就是這個意思。

這裡沒有健身房，因為繞村一圈就是最好的運動。村子東邊的黃槿大樹下，有原石桌椅、洗手台與插頭，可以泡茶聊天下棋，而黃槿葉正好是可以包粿用，那聚落點的設計不單單只為休憩使用，更包含常民節慶與飲食文化的深意。

窩村地勢較高的北向基地是二十四戶人家的住地，而南側設置了一個「容門」，以此為界，出了門就是村外……一片青蔥盎然的自然農法公田、孩子夢寐以求的樹屋、供小釣的濕地，而田邊有休憩平台和柴燒大灶，荷鋤耕作、農忙偷閒、樹屋迷藏、濕地釣魚、古圳戲水、端午包粽、正月炊粿……能想像的活動應該不只這些。

一戶一主題，實現住的多樣性

不同於市場由建設公司一口氣完成全部設計的預售屋模式，裡頭的每一棟房子，包括建築的樣子、希望的坪數、喜歡的空間等，幾乎都是屋主和負責建構設計的半畝塘，一對一討論出來的。而針對每一棟房子環境條件不同設計的牆、窗、植栽、鋪面等，讓建築外觀看來同中有異，居住起來不僅能感受良好的通風與採光，甚至戶與戶間的開窗設計也十分貼心，盡量避免面面相覷的尷尬狀況。

1 原生老榕樹守護窩村入口。像任何一處台灣農村會有的，這棵樹標記地點，也標記家的位置。
2 古老的水圳修復後，增加了一座小橋，孩子們可以在這裡放葉子船。
3 村裡還有大人和小孩都夢寐以求的樹屋，裡頭設有水龍頭跟電燈，晚上在這裡泡茶也不錯。
4 為了讓阿嬤們搬到新家也能像在老家一樣的生活，菜園旁特別訂製大灶，讓村民聚會時使用。

2

3 4

村子內二十四座家屋，大多是素淨的清水混凝土或抿石子表情，雖是灰樸樸的色彩，卻一點也不讓人感覺寂寞，那單斜屋向天空招手，而樹蔭底下的香杉木門努力抓住搖曳光影……若仔細推敲，你會發現每一棟房子同中帶異，有樹屋之家、泳池之家、茶屋之家，這家人與那家人的喜好興趣之不同，明顯表達在建築上。

避暑、活氧，想盡辦法靠近自然的房子

走進屋子，妥善安排的各種長窗、橫窗、落地窗與雪見窗，讓綠從四面八方滲透進來，鑲嵌在牆裡的壁爐為空間添了一絲暖意，而客廳外深達兩米的露台，向山伸手攬進綠意，而這裡的推窗設計得很有意思，有各種不同開啓方向：左開窗引西風，右開窗引東風，上開窗則是微雨天氣專用，這房子簡直無時無刻都想更靠近自然一點！

機鋸面處理的烏心石階梯，腳下質地觸感十分舒服。三樓規劃為臥室、和室與書房，為了避免屋內空氣凝滯，在斜天花的制高點設計了「白努力」通風口，可利用屋內外空氣的流速不同所造成的壓力差，帶動空氣循環加上局部使用木格柵牆隔間，使空氣在各房間微循環，使冷房也更替空氣，保持活氧狀態。

1 村落式的住宅，從外觀看相當齊整，其實每一棟都依照屋主的需求而略有調整。
2 洗石子與清水模的灰色住家，玄關門為寮國香杉原木打造，門旁的穿鞋椅結合傘架設計，吊式與插式都有，下方碎石鋪面裡頭有排水設計。
3 客廳與餐廳開放，房子大部分開窗、露台都朝向溫暖的南邊，形成被綠包圍的空間感。
4 從北向進入，玄關其實在房子的二樓，一座可容納全家收納量的鞋櫃將動線劃為兩個，一個直接通往長輩房，一個則是通往全家人共享的客廳、餐廳與廚房。
5 將廚房當成媽媽的工作室來設計（中島後方處），不只有寬敞的工作檯面，還有臥榻與衣櫃，累了可以休憩，也可以閱讀、編織或進行喜愛的興趣。

1
3
2
4
5

1 地下一樓備有另一組大長桌，以及成套的洗手台。
2 連貫上下層的梯間，不但有開窗，扶手也採用玻璃材質，採光效果極佳。
3 大長桌是重要的設施，可以是一家人共同興趣的分享處。
4 一樓因倚山坡，牆面（左）除了基本防水工程外，更有雙層複牆設計。複牆間設有排水管，是房子防水的重要防線。
5 和室內隱藏著衛浴空間，無障礙設計體貼年長者。
6 房子依照地形設計，一樓倚著山坡，有地下室般的涼爽。
7 從三樓到屋頂露臺的旋轉梯，邊走可以邊欣賞周邊景致。

6

7

由於山坡的庇護，房子南向山谷形成宜人的微氣候，因此南向立面設計不少深挑的露台、屋簷，使室內空間向外延伸，並避免陽光直接侵門踏戶；而房子一樓利用天然山壁冷卻暑氣，那自然涼的空間，除了是家中的避暑勝地，也可設計成天然的酒窖。

找回季節、風土與水的節奏

窩村的存在，儼然就是友善環境的設計大集合。在村落大路的兩旁，建置了集雨排水系統，可將雨水回收至雨水回收箱，用來澆灌社區花草或洗車，又或者，長在地界上的樹或流過地界的水圳，並沒有因爲施工單位圖方便就砍掉或埋掉，反而特地在圍牆上開孔或將基地架高，保留原生物種的生存權。

1 村子邊界與鄰居的果園緊密相連，梨子結果時還可以站在圍籬上跟果農阿伯直接採買。
2 走在環村步道上，就是每日最佳的運動，還可以看到不同人家的後院涼亭。
3 村子東邊的聚集休憩點，在黃槿大樹下。

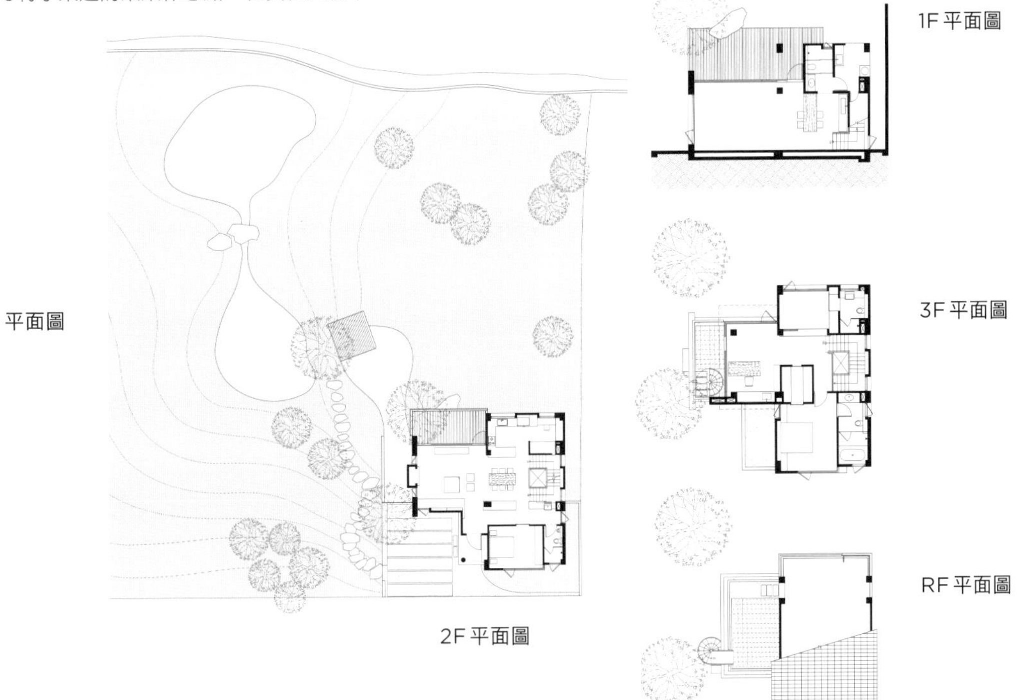

除此之外，自然農法的信念在一開始設計就落地生根。半畝塘買下土地後，並不急著施工，而是先修復河崁古圳、養護濕地林木，讓土地充分休養生息，恢復地力。

村外的溪流，坍方的坡坎請來桃米生態村的老師傅重新整修，用的是「五六七石砌工法」，而不是鋼筋混凝土。半畝塘負責工務的阿凱說：「石頭擁有許多孔隙，可以讓水自然排出，既不需要設水管，又能牢固地形，況且也是河蟹魚蝦最愛的棲息地，從涵養、排水到多樣生態，一個動作就可以解決許多事情。」

整個窩村的植栽計畫，依照立春到大寒依著四季漸變的概念進行。繞村一周，每戶人家的木信箱分別用二十四節氣取名，也對應每一戶門前所種的家樹，隨著季節推衍，春夏秋冬不同人家花開飄香，輪流當主角，將充滿人情熱度的節氣生活刻劃在建築上。

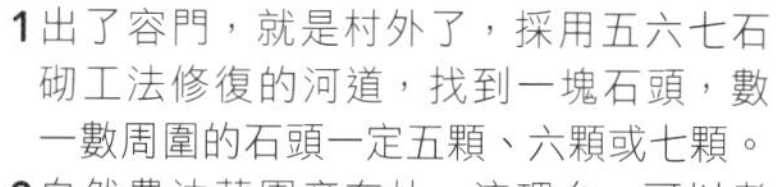

1 出了容門，就是村外了，採用五六七石砌工法修復的河道，找到一塊石頭，數一數周圍的石頭一定五顆、六顆或七顆。
2 自然農法菜園旁有灶、流理台，可以煮食新鮮採收的農作。

2

2

半畝塘的健康住宅觀點

設計窩村的時候，我們出發的角度不是為了設計一個新家，而是想為人們蓋一個「祖厝」，一個會讓人懷念，又想住在裡面的房子。所以這裡的孩子可以擁有樹屋，在古老的水圳旁玩葉子船；被接到這裡住的阿嬤，可以一如往常的種菜……

半畝塘環境整合

1997年底由江文淵建築師創辦台灣台中，之後陸續成立建築師事務所及營建部門、建設部門，逐步建構環境整合的雛型，將建築環境產業串聯成為一個整合的團隊。

www.banmu.com

04-2350-5182

溫度濕度的調節

考量新竹風大冬冷，客廳設有壁爐，燃火可以烘暖家庭成員共同活動的空間，也可以卻除濕氣避免反潮。三樓和室與書房和室門的上方有格柵開孔，可以讓當層的空氣保持流通。房子依照地形設計，一樓北側戶外平台上方是客廳外挑出露臺，形成兩米的深遮蔭。至於窗，也是空間調節重要的一環，窗的形式有很多種，推窗比起橫拉窗更能導風入室。

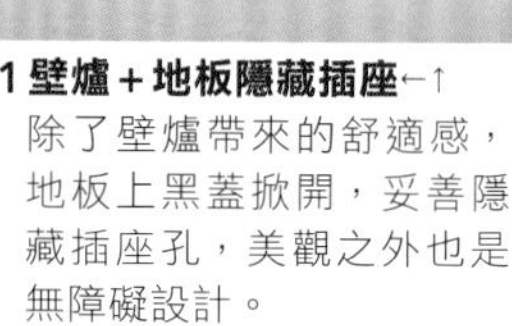

1 壁爐＋地板隱藏插座←↑
除了壁爐帶來的舒適感，地板上黑蓋掀開，妥善隱藏插座孔，美觀之外也是無障礙設計。

2 格柵門片←↑
格柵門上方開孔，通風又保有隱私。

3 開窗方式→
當屋外吹起平行風時，風向與窗平行，若使用橫拉窗風依舊無法進入室內，而推窗的好處是可以利用門片「擋」風，變成導風牆，將風引入室內。

4 深露台↓
深露台可防雨潑，也可遮烈陽。

POINT

健康家
check list

房子不悶臭的祕密

建築側牆的黑色設備，是房子活氧的關鍵。黑色方盒狀為「白努力」通風口，設於當樓層的最高點，室內外空氣流速不同產生壓力差，帶動室內空氣循環，可保持室內活氧，即使長時間緊閉門戶也不會悶。黑色圓孔狀為廁所當層排氣孔，可避免廁所潮濕生霉。排水透氣孔也設在屋突上，避免糞管與排水管淤積廢氣，同時也讓水流更加順暢。

1 白努力↖↑
白努力只需洗洞就可裝，一般住宅皆能使用。白努力室內安裝圖（白牆處）。白努力室外安裝圖（灰牆處）。

2 當層排放←
浴廁空間設置當層排放，從房子外頭可看到圓型通氣孔。

3 排水透氣孔與防觸電插座蓋←↑
屋頂外牆為了怕雨潑觸電，特別在插座上做了蓋子，而內部也有住宅的排水透氣孔。

POINT

3

健康家
check list

屋頂多工設計，隔熱、集水與排水

守望室與窩村會館的屋頂除了基礎的防水隔熱工程之外，另外還鋪上排水板，再加上碎石鋪面，使排水板下方有空氣層，避免熱直接傳導。集水、排水、隔熱一次完成。

此外，由於村內種植許多大樹，擔心樹葉飄落屋頂阻塞落水頭，在斜屋頂邊緣處有洞洞板排水槽，設計成淺、寬、長，落葉可以被風吹走、不容易卡住，這同時也是蒐集雨水的排水系統之一。

1 屋頂鋪碎石＋排水板↑→
撥開碎石後可以看到排水板與落水頭，這樣設計的好處還有可以避免單一落水頭容易被落葉卡住，屋頂洩水不通而積水。

2 洞洞板排水槽←↑
單斜屋頂可以快速排水，同時也是社區雨水收集的重點之一。

POINT 4 健康家 *check list*

綠鋪面設計，車行不受損

多數草皮經常車壓或人走，往往就變得光禿禿，植草的鋪面有兩種設計，一是固綠格，一是耐壓草皮。窩村的固綠格與傳統不同，是整地後鋪平碎石，放入模型，以混凝土澆灌而成，耐踐踏草皮是開挖三十公分深，埋入排水管道等，再鋪上十公分碎石子與二十公分的陶粒混合有機土，使土壤耐壓。

1 固綠格↑→
固綠格的格子與格子中間不封閉，土壤可以互通，草的生長也不受限制。

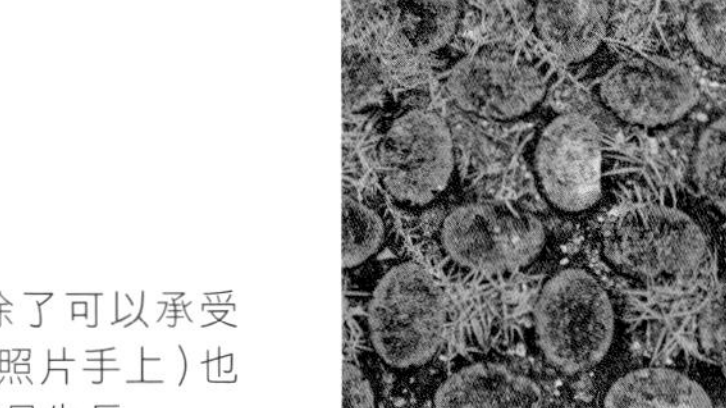

2 耐踐踏草皮←
耐踐踏草皮除了可以承受重量，陶粒（照片手上）也協助草皮更容易生長。

POINT 5 健康家 *check list*

雨水回收系統

社區用水的水箱共有兩個，一為自來水箱，一為雨水回收水箱，雨水的蒐集主要來自透水性鋪面與屋頂洩水集水，而走在村落內只要是設在枕木上的十字水龍頭，水源都是來自雨水回收系統，可以用來澆花洗車。

1 十字水龍頭↑
回收性質的用水，特別以「十字」水龍頭做標示，設置在前庭後院方便清洗。

2 透水性鋪面↑
除了固綠格、耐壓草皮之外，碎石和枕木搭配也是透水性鋪面的一員，讓水可以下滲，涵養土地。

02 與環境友好

開窗就涼，跟著風動的草原式房子

——三代五家庭，新田間美好生活

採訪／魏賓千　圖片提供／李靜敏空間設計

陳家房子順著地理環境、5個家庭共同生活的需求，自然發展成有機建築。有如60、70年代的三合院設計，用很原始的手法，如自然導入、空氣流動、綠化屋頂，以及植物、水，經營出一個自然循環的健康環境、在家散步動線。

大遮陽屋簷下，室內燈光讓格狀建築如東方竹燈籠般有意境。

HOUSE DATA

所 在 地 台中縣
住宅類型 獨棟別墅
居 住 者 三代同堂
基地面積 1867.94坪
建築面積 188.46坪
總樓板面積 258.03坪
室內坪數 258.03坪
空間配置 庭院、淺池、車庫、室內庭園、7房、6更衣室、雙廚房、衣帽間、和室、佛堂、起居區
使用建材 盤多磨、台灣檜木、柚木、美洲側柏、石材、超耐磨地坪、安山石

住的大滿足
123

開窗與木格柵為家帶來了細膩的光影，同時也是散熱好設計。

自然建材

安山石鋪面。
檜木與回收木。
灰泥和珪藻土塗裝。

隔熱降溫

反樑屋頂綠植隔熱。
大屋簷雙屋頂。
濾光木格柵牆。

透氣引光

採光罩VS.電動窗。
引風推窗。
玄關鏤空牆。

綠意交融

戶外綠色客浴。
環繞式庭園。
菜園農作區。

原已各自嫁娶、成家立業的4個家庭，因家人的情感聯繫，陳家的第二代決定一起蓋房子，與長輩共同生活，發展成一個融合5個家庭的大家族。基地面積2千坪，建築面積約200坪，以主、附兩棟建物呈現，佔地遼闊，座落於台灣西部臨海的一片汪洋稻海中。房子只蓋兩層樓，主建物因做了挑高設計，足足有三層樓高。

圍牆中的圍牆，用淺池生態計調節溫度

座落在一片農地中，陳家房子幾乎是隨著翻滾的綠波起舞，沒有一個實際的界線。李靜敏設計師解釋說，「整個房子是採草原式設計，沒有華麗炫目的外觀，利用米色外觀與周遭稻田結合，加上深木色格柵牆、石頭牆……，讓新建物與自然農田景觀產生對話，和諧共存。

「藉著讓出很大空地，房子跟戶外自然產生結合。」

房子面臨馬路的唯一路入口，做了退縮設計，讓出一塊可停放8、9部車子的空地，柚木格柵電動門，不論關與開，都是一片透空的牆景。建築基地上，散佈著球場、菜園農作區，以及大大小小的庭園、生態淺池，新栽下的大樹木，枝繁葉茂，一層層地將房子包圍起來，成了最天然的圍屏，當中穿插著圍牆設計，形成圍牆中的圍牆景觀。

庭園不僅提供綠意觀賞，提供家人活動筋骨的步道，對調節環境溫度也起了作用。「讓雨水自然導入。水，自然就調節溫度。」設計師李靜敏補充說，戶外的綠地、10×10公分的安山岩步道鋪面，雨水落下，深入土壤層，乾涸的大地瞬間得到滋潤，熱氣上升、溫度下降。

1 二層樓的居家，不同功能的區域在外觀上呈現不同層次。
2 2米半長廊有如街道建築的「亭仔腳」般，順著內庭，開展、轉折。
3 房子的唯一入口採柚木格柵電動門。房子先是做了退縮，再做綠化設計。
4 玄關門廳以長平台，與L型廊道開口接續。
5 拉開書房摺門，看見水、看見對岸的玄關，微風中夾帶著一葉江南吟誦。

1

1 高牆、吊扇、梯子，空間開闊明亮，很有北歐住家的味道。
2 中島廚房整合客廳、餐廳、和室佛堂，以及上樓的動線。
3 和室佛堂與餐廚區以一道拉門為界定，有互動，也保有獨立的使用隱私。餐桌旁的和室佛堂，採雙開口、雙動線設計。

開窗就涼，兩種屋頂設計的隔熱思考

台灣西半部因少了高山阻隔，曝露在高溫下，環境可是非常熱。不過，熱氣升的快，消的也快。

對陳宅來說，最特別的是在炎熱時節，冷氣空調設備依舊派不上用場。除了歸功於戶外濕地、綠地，發揮淨化空氣與降溫作用。房子的好採光與通風，對於大家族三代同堂的生活健康有加分作用。

針對酷熱氣侯，房子的處理方式也很特別。「不能用都市住宅的設計思維來思考。」李靜敏設計指出，氣侯雖然酷熱，四面吹過來的海風卻很舒服。基於這一點，建築體做了相當高比例的開窗設計，「窗戶玻璃也只用單層玻璃，就是因爲有開窗的需求。」遇到房子受熱最高的西曬面，景觀窗外頭再搭上一層深色木格柵牆，採光罩區塊的高處則是裝置電動窗。

遮陽，但不阻風。一樓的挑空客廳，陽光穿透格柵圍幕，射下筆直線條，搭配線條俐落的現代風格家具，自然寧靜。那麼，日正當中下的屋頂，又是如何降溫呢？

兩棟建築物的屋頂隔熱方式，主建物採雙層屋頂設計，一面巨大的斜屋頂斜扣下來，像是一座超大的亭仔腳，兩層屋頂之間的「空層」，空調等機體設備，就擺放在這個區間，整個屋頂是呈現通風狀態。附屬建物屋頂採反樑設計，在屋頂形成一小區、一小區間，覆下土，撒下種子，綠意生長、藤蔓彎蜿蜒下，就成了一塊可漫步遊賞的空中花園，土壤層、綠地又能成爲房子頂部的隔熱層，篩除滾沸的熱源。

水景長廊串聯公共空間，一個景多面看

房子順著環境、大家族的共同生活，自然發展。房子的入口是多面向，每一間房都擁有獨立的光、風、景，很多空間同時擁有兩個入口，或三個入口的自由。「每個家庭擁有自家的私密空間，所有的景都提供多角度觀看。」李靜敏設計師解釋說。

「串聯各個家庭的私密空間，靠的就是那一條十字型廊道，中繼站就是公共空間。」大廊道長達2米半，景深而面寬，有如街道建築的「亭仔腳」長廊順著口字型內庭水景，開展、轉折，將玄關門廳、客廳、和室佛堂、書房等串聯起來。

1 夜間的水意中庭。
2 透過燈光，夜間更能勾勒出房子的細部輪廓。

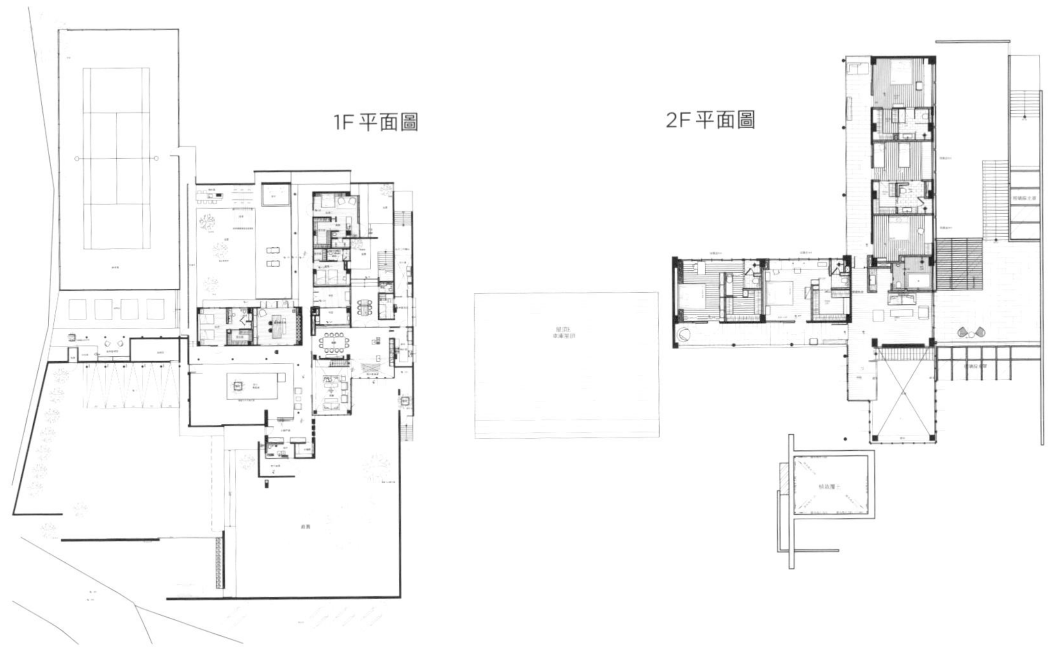
1F 平面圖
2F 平面圖

1

2

3

家族成員的活動重心都在一樓，包括客餐廳、書房茶間、和室佛堂等，搭配雙開口設計，形成一個自由散步的健康動線，如和室佛堂面向餐廳、長廊的雙開口，怎麼走都有趣，走動間看到的景也跟著起伏變化。尤其是內庭水景，晨昏的天光變化最是精采，拉開書房摺門，風生水動，彷彿傳送一葉江南臨水書院的朗朗誦吟。

選用會呼吸的材料，愈天然愈好

三代同堂的生活，家庭成員包括學齡前的寶貝，考量到日常的使用、清潔整理方便，設計時就決議以最好整理的方式來設計房子，室內開放空間採用具無接縫特性的盤多磨地材，其他空間搭配使用檜木，浴室區則使用硅藻土、灰泥，至於室內連結室外的區間採用灰泥。

所使用的物件，愈天然愈好。書房裡的大櫃子，色彩妍麗，漆質斑駁，便是回收自舊窗框，重新整理製作，搭配天然檜木的使用，書房茶間留下人間歲月感，就像大家族共同生活的情感，自然而珍貴。

1 戶外用餐區，挨著一道黑牆、小庭景。
2 戶外樓梯不僅是垂直動線，也能支援椅座使用。
3 一樓臥房與內庭之間，利用景觀窗、實木平台，接近室內外的距離。臥房內特別將洗手檯獨立出來，安排在面對小內庭的景觀區。

李靜敏的健康住宅觀點

如果可以選擇環境的話，我希望房子不要太大，最好就在溪流旁邊，但要有很大的綠化、森林環境，不能有光害，進入房子之前是先經過一條小徑，不用脫鞋，親近泥土，居家生活像隱居的耕讀生活。但若無法選擇環境，第一要緊的是使用自然建材，曬不到太陽也沒關係。其次，是進行大量綠化，用植物來淨化空間。最後，儘量採大面積採光，空間樸實簡約，減少無謂的裝飾。

李靜敏空間設計

中國技術學院畢。以自然、人文、藝術、平民化為設計依歸，將陽光、空氣、水，與生活場域緊密結合，從創造身心靈解放、昇華的自在空間。

www.abraham.com.tw

(03)453-3886

隔熱——屋頂降溫的3大手法

因為地處熱帶，主體建築採草原式建築的做法，首先，利用大屋簷、雙重屋頂的設計，像是一頂巨大的帽子般，完完整整地為房子遮去熾熱的陽光。接著針對西曬面，再利用木格柵牆做進一步的隔熱。附屬建築物屋頂則採反樑設計，形成格狀區域，栽種綠植隔熱，同時也自然發展成一個空中花園景觀。

1雙重屋頂↑
雙重屋頂之間的空地，則成為放置空調、熱水器等機電設備的位置。

2防西曬格柵牆↑↓
具透光、透風，卻能隔西曬的木格柵，被運用在局部外牆。

3二樓內部↑
從二樓過道上的小起居區，可以體會到格柵牆的效果。

4反樑屋頂←
在屋頂空間隔出一區區的小空間，覆土、撒種，讓植物自然生長，透過植物、土壤層形成一道隔熱層，創造降溫效應。

1 玄關牆線←↑
走進玄關，光就是端景，也是引路的暗示。

光——
引光、遮光，室內採光的多重計畫

日照在這裡並不缺乏，但如何引光入屋，呈現何種風貌？或借光引光，甚至將光的強度過濾，都是重點。玄關轉折的透光牆線，讓光線溫和入室，同時創造日晷的趣味；廚房遮光罩，則轉換著空間的光照量，以及與戶外連結的程度。

2 電動窗遮光罩 Before&After ←↑
天花板上的遮光罩調節著進光量，也調節著景的放大與聚焦。

3 直格柵 vs. 橫百葉←
挑高客廳四面門是落地玻璃，二樓以直式格柵緩衝日照，一樓則以百葉調整光照。

POINT

3

健康家
check list

穿透與風——大開窗通風，牆體、階梯鏤空透風

房子所在地近海，四周並沒有高山阻隔，自然通風條件好。有關房子的隔熱設計，並不能用都市房子的思維來看待。基本上，窗戶是整天開的，搭配遮陽設計，陽光曬不進去，房子室內因為通風對流，白天不用開冷氣也會覺得涼爽。

1客廳推窗←
對外大開窗，將風引入客廳。

2內與外，開窗的房間←
水平式推窗，下雨天也能打開讓空氣對流。

3梯側牆做開口、穿透式踏階→
高達2層樓高的梯牆，兩側再做開口，讓客廳的風也能與後方的和室對流。而樓梯踏階與扶手，不做大量體，讓房子的風可以到處竄流。

4玄關竹格柵門↑
面對中庭的玄關，以竹格柵門保有穿透的效果。

1 屋外綠步道↑
屋外的人行動線，大量綠地吸收雨水讓溫度不飆高。

2 中庭水景↓→
水中庭除了做為景觀之用，也帶來了涼意。

POINT
4
健康家
check list

水調節——生態圈，雨水下滲土壤調溫

屋後、基地外圍都設計了生態淺池，搭配天然石頭、綠地、10x10公分的安山岩步道，庭園的設計不只是提供自然和綠意，其實也意在調節整體環境的溫度。透過雨水滲入土壤層，土地吸收著水，讓熱氣得以上升，揮散，整個地表的溫度因此下降。

POINT

5

健康家
check list

呼吸環保材——不貼磁磚，大量使用「會呼吸」材質

建物採有機建築設計，跟著大地起舞，一起呼吸脈動，但要易於維護整頓。因此在材質的配置上有所謂的「2不1有」，思考「有加工」、「不透水」、「不透氣」的材質是不在選擇之列，比如說，長廊走道鋪面採石材，為的就是讓水能透進石鋪面的那份自然。

1安山石↑
10×10天然石材，戶外鋪道。

2舊窗框vs.檜木書房↑
書櫃用材源自於檜木與舊窗框，櫃子左邊結合洗手台，右側是是機櫃功能。

4無縫隙盤多磨地坪↑
在開放空間裡使用盤多磨地坪，材質本身擁有無接縫的特性，不易藏污納垢，有利於平日維護居家空間的清潔，盤多磨地坪獨特的流動感，也在地坪產生一種行動韻律。

3薄石板↓
玄關櫃以薄石板做櫃門片，和石材地面融為一體。

1 綠生態↑
從二樓觀看住宅周邊，正在等著長成的大樹以及綠地，默默調節著居住的舒適度。

2 戶外綠浴室→
戶外浴室設計，門縮進牆裡，客浴外的綠意風景透出廊道。走進戶外浴室，來自庭園的綠、玻璃磚天花像呼吸孔般的光灑，十分舒暢。

1 儲柴區↑←
戶外烤肉的儲柴，規畫在外牆內凹處，以及通往二樓大露台的戶外梯下空間。

2 熱炒區→
開放式中島廚房後方另備有熱炒區，和開放空間區隔，徹底阻隔油煙外散。

POINT

6

健康家
check list

綠計畫——室內室外融成一體

房子外圍是一層又一層的生態圈，種了高大的大樹，一區區的綠地，區隔著不同的空間，創造周邊的微氣候，此外，還有菜園區可供農作養生，透過設計的綠引入，也讓室內充滿綠意。

貼心生活——儲柴區、熱炒區滿足家族便利與趣味

針對生活裡的一些活動或者需求，都可以透過空間的配置來解決。利用建築的內凹處堆柴，同時成為木質感的視覺立面，而廚房另設熱炒區，讓室內空氣不受干擾。

03 與環境友好

風土住宅，打破西曬舊思維

──宜蘭養生庭園屋

採訪／魏賓千　攝影／Yvonne　設計／郭文豐建築師事務所

原本只是想將宜蘭老厝拉皮，最後卻成了朋友眼裡，方圓2公里內最美的房子。屋前濕地連結水圳成就自然生態池，建築師更善用宜蘭地區獨特的雪山西風條件，為建築導入自然循環的採光、通風系統，陪著張家一甲子的老果樹繼續笑春風，讓張家一家老少樂在生活，養園勞動的同時，也舒心養生。

利用圓拱造型、粗糙的火頭磚、鐵木天花，設計成一段半戶外的迴廊空間。

HOUSE DATA

所在地 宜蘭縣
住宅類型 獨棟別墅
居住者 夫婦2人、3成年子女、1長輩
基地面積 建地136坪
建築面積 53.8坪
總樓板面積 145坪
室內坪數 120坪（含斜屋頂下儲藏空間）
空間配置 客廳、餐廳、廚房、五房五衛、花園、車庫、陽台、洗衣工作間、迴廊、生態池
使用建材 洗石子、斬石子、磨石子、火頭磚、花崗石板、西班牙瓦、海島型木地板、柚木實木地板、鐵木、越檜木、馬賽克、景石、不鏽鋼、清水磚、漆、進口磁磚、電動捲門窗
健康設備 中央集塵設備

房子西方大量開窗，迎接雪山來的夏日涼風。

通風隔熱

座向重整，
西迎雪山涼風，
背避東北颱風。
隔熱屋頂。

自然共生

濕地改作生態池，
引動田間水圳水循環，
蚊蟲不滋生。

風土建材

用矽土類、陶磚、
石材、木孔隙式建材，
減少結露困擾。

安全貼心

外玄關緩坡。
寬踏面低階梯設計。
室內電梯。

張家老宅屬於甲種建地，建地面呈三角形，屋前是一片濕地、一口老井，原是傳統的加強磚造2層樓老房子，傳統的「番仔火厝」構造，這裡最早曾是平埔族的舊聚落。重蓋房子一事，熱熱鬧鬧地在龍眼纍纍時節展開，最初的討論設計就是在舊家前廊進行，大伙兒坐在長板凳上研究模型，一邊品嚐從屋旁現採的龍眼。

「蓋房子眞的很不容易。」張太太說。回溯到最初，張先生一開始並沒有想要拆屋重建，只想爲這間自己從小生長的老房子拉皮整頓，給辛苦一輩子的長輩舒適的生活空間，也有作爲未來退休後居住的打算，沒想到張老先生一聽到老屋拉皮的報價，直覺就回說：這樣的花費，不如重新蓋。一句話，決定了老屋的未來。

金門洋樓與鄉村洋房的整合，不落實煙囪功能

新屋建築採兩層樓、雙梯設計，迎合年長者的使用，格局配置大致依循舊有的紋理，連入口的位置都沒有改變，且延續舊前廊設計，利用圓拱造型、粗糙的火頭磚、鐵木天花，設計成一段可供遮陽避雨的迴廊空間，房子四面環繞著不同主題的庭景，呼應基地外圍的碧綠水稻田景觀。

屋型架構，是設計過程中備受討論、修正最多次的一環。從沒有屋頂、女主人提出「我想要有斜屋頂」，到男主人喜愛的金門洋樓造型，一次次地翻新架構設計。郭文豐建築師指出，像是金門洋樓的古典造型有一定的語彙，連帶地牽動房子開窗與外部造型、內裝空間與建物的調整，如圓拱的弧度、斜屋頂，在外觀比例、材料細節，都必須納入考量。

「可以給我一個煙囪嗎？」張太太再追加了另一項夢想。她說，擁有一間煙囪房子是多年夢想，而且斜屋頂要用法國式的半筒瓦，才會有歐陸鄉村洋房的味道。原本格局安排是將客、餐廳規劃在房子的前端，後來考量到老人家的行動不便，將長輩房移至樓下，餐廳往屋後挪，紅磚煙囪管道依舊存在，但已沒有實際功能，變成收納空間一部分。

1 建築基地依著蘭陽平原水圳，建築與周遭景觀產生共鳴互動。生態池做在圍牆外，與居民共享。
2 張宅的出入口座落在南向，也有遮擋來自東北向的威脅考量。
3 沙發背牆和電視牆的鏤空設計引渡光線穿透，人們也可透過牆上的琉璃映光得知玄關大門的動靜。

而原有的屋前濕地，也在這次重建中改成一池生態池，圈在庭院紅磚牆外，大方地與鄰里共享。原本的水路和舊井，都被細心地保留下來，並聯結一旁稻田的水道、水圳，形成一個水循環的生態池系統。

順應地理條件，發揮西曬的正面能量

談到「西面」，一般都是負面的聯想，直覺是酷熱難擋。不過，西面對於宜蘭地區的意義卻是正面多於負面。郭文豐解釋說，宜蘭的颱風、冬天寒冷的季風，最大的威脅都來自東北方向，所以蘭陽平原多數的傳統竹圍，都是背東朝西的坐向，張宅的出入口座落在南向，背著東北風，也是有遮擋的考量。

夏季，台灣西半部面臨強烈的西曬問題，宜蘭卻受惠雪山的阻擋，夜間從雪山山脈吹下來的西風非常涼爽，可迅速替建築物降溫、帶走濕氣，因此張宅的西面開了不少的窗戶迎納西風，健康又省電。室內每一個房間，包括廁所、儲藏室，都至少擁有一個以上的開窗，整棟建築物的自然採光、通風條件極佳。洗衣、曬衣間規劃於房子的西北角落，充分發揮西曬條件，而配置在主要空間外面的陽台、迴廊，也發揮了遮蔽功能。

會呼吸的建材，解決季節交替的「結露」變化

宜蘭地區多雨，冬天從北方南下的冷空氣，迅速將房子冰冷，到了來年3、4月，暖風一吹，造成宜蘭房子特有的「結露」，室內的溼度高是住在蘭陽無可避免的問題，雖然可以利用除濕機、空調解決，卻有耗能問題，又不能與戶外交換新鮮空氣進來。

郭文豐決定從建材使用來下手，選擇有孔隙、可以「呼吸」的裝修建材，例如各類的木材搭配護木劑，少了會阻塞木材纖維孔隙的油漆，以及矽土類的牆面塗料等，發揮局部調節濕度的功能。其他像是水泥類的粉刷，或斬石子、洗石子、紅磚、陶磚等表面粗糙的材料，也有助於減少返潮時的結露現象，提升住宅的健康舒適度。地材部分，張先生挑了海島型木地板、柚木地板，回應多雨的地理環境，讓家人在踩踏間盡是一片溫暖。

1 呼應周遭的鄉村景致，開放式廚房以鄉村風格呈現，透過大開窗與戶外互動。
2 客廳至屋後的動線寬廣，過道牆上以高釉窯燒的磚為視覺端景。
3 走上二樓，臥室區和起居室在此，寬廣的廊道讓行走移動安全舒適。
4 特別加寬的主臥大門，也是為了預留日後輪椅需求時而設計，拉門上安裝紗網，防蚊蟲也兼具通風。
5 主臥浴間採杉木天花、灰色調板岩，打造湯屋悠閒情調。
6 主臥室預定的閱讀區，陽台在冬天時也可以使用。

以果樹造景 做庭園的活兒來養生

院子裡的大樹陪伴著老房子渡過數十個春夏秋冬，張先生很念舊，希望這些小時候種的果樹能保留下來，這個構想立即獲得建築師郭文豐的回應。果樹，在郭文豐的眼裡也是造景的「食」材，「觀賞之外，採果更能增加生活趣味，像是嬰兒拳頭白裡透紅的蓮霧、金黃耀眼的金棗，肯定不比玫瑰花、黃蟬花遜色。」

重建房子時，老樹都被細心地妥善照顧，即使是有一棵福木剛好擋住車道，須移植約5公尺遠，也小心地做好移植工作。張先生尤其擔心蓋房子時，混凝土泥漿導致土壤過鹹，影響大樹生長，特別提出要求在庭院邊界施做泥漿渠道，並爲樹木覆上保護層。

庭園運動衍然成爲張家生活的核心之一。爲了方便老人家親近他鍾愛的盆栽，一樓空間納入無障礙設計概念，餐廳的外玄關另搭配一道緩坡，方便輪椅進出使用，張先生夫妻倆每週末從台北回到宜蘭做的第一件事就是除草。「全區共32個水龍頭。」張太太如數家珍地說，搭配後院入口旁的客浴配置，都是爲了忙院子的事而設，養園也養生，舒心樂活。

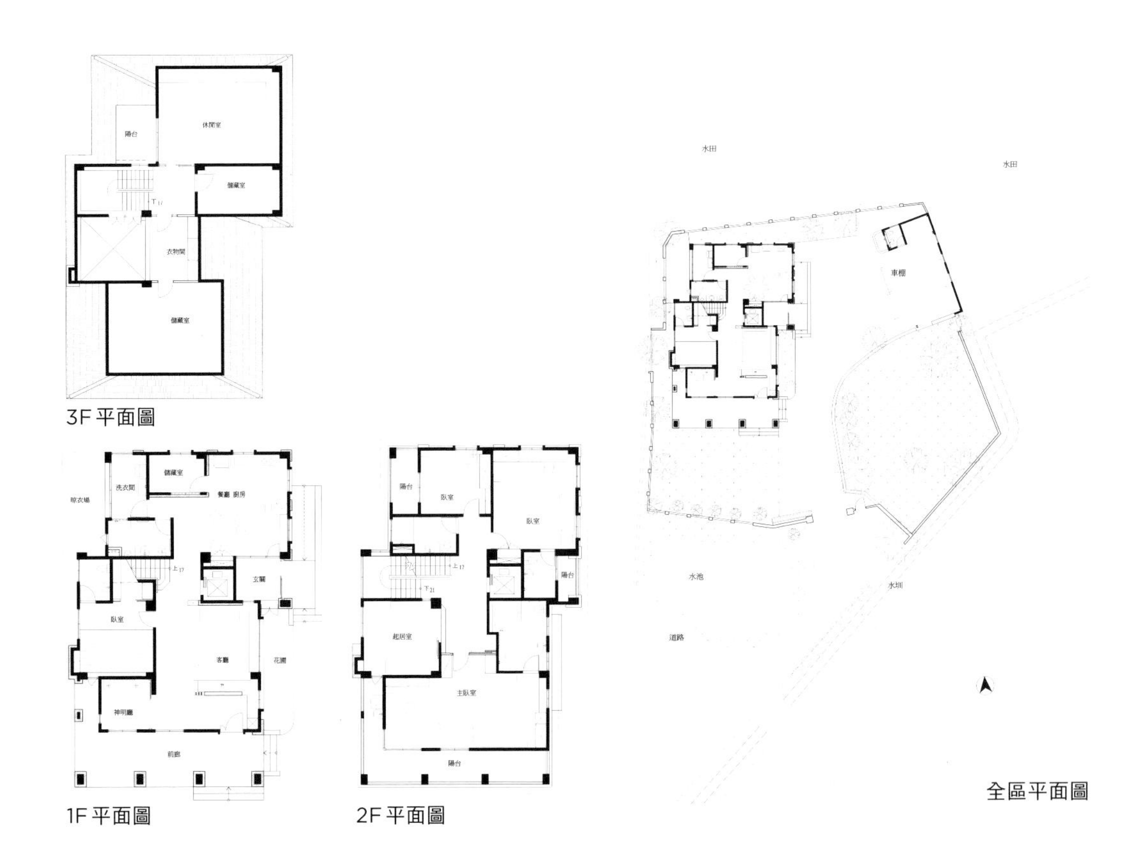

3F平面圖

1F平面圖

2F平面圖

全區平面圖

1 二樓的挑高空間採通舖，也可當作休閒空間使用。
2 重蓋房子時將一株福木移植約5公尺遠，小心地做好防護工作，繼續它在人間的歲月。
3 屋後的柚子樹開花時節，花香四溢，與前面常綠的高大福木，更成為男主人口中的「有福」象徵。
4 客廳前的庭園，以九芎樹為主題，圈著一片碧茵草地。

郭文豐的健康住宅觀點

善用基地環境的條件，有良好的自然通風，適當的採光，浴廁、儲藏室也能開窗，不僅減少對空調、照明等設備的依賴，來自裝潢、家具、日用品等的化學揮發物才不會積存在屋內。房子不要太大，東西不要堆太多，多留些空間種樹遮蔭綠化，平面動線要簡單，樓梯緩一點，減少不必要的高低差，一定要有陽台之類的半戶外空間，雨季時才不會在屋裡悶得慌。

郭文豐建築師事務所

東海大學建築系畢。郭文豐建築師事務所負責人，並擔任宜蘭縣都市設計審議委員、「宜蘭厝烏石港計劃」執行顧問等，作品包括礁溪四城曾醫師診所暨住宅（獲2006宜蘭厝建築優等獎、2007宜蘭縣優良綠建築獎）；埔里張宅、廖宅、鐵山王宅（921災後重建案）；三星林宅（獲2008宜蘭縣綠建築技術獎）等。

lulugo@ms46.hinet.net
03-9327364

POINT

1

健康家

check list

無障礙移動，方便老人家走出戶外

當初考量到老人家行動都需要輪椅代步，加裝室內電梯，全區平坦，不做高低差設計，同時在走道動線上刻意加寬，從廚房通往庭園的出入口，搭配緩坡設計，讓老人家隨時可走出戶外。此外，家中的階梯也採用寬踏面與低階設計，走起來不費力。

1 玄關緩坡←↓
通往廚房玄關除了階梯，邊側也做了緩坡。

2 平緩階梯→
29cm的踏面與17cm的高度，平緩的階梯讓家人上下樓都安全又省力。

3 室內電梯←
新規劃的格局加入電梯設計，方便老人家自由地往來室內各區。

四方動靜皆入眼，廚房就是家的守護空間

廚房、餐廳配置在上午陽光充足，容易望見車棚、花園的位置，隔著玻璃窗，與客廳對話互動。這裡也是張家成員最常出入的地方，所以留設寬敞的玄關，提供置物暫放使用。

2 玄關拉門雙材質↑
廚房玄關格狀拉門，一格紗網一格玻璃，通風採光兼具。

3 便利取物內窗台↑
廚房內寬闊台面，正好可以迎接女主人從窗口遞進來食材與物品。

1 廚房與餐廳↑
廚房可說是最能掌握家中動靜與戶外狀況的重要空間。

4 廚房窗台＝輸送帶←
購物回家後不用入屋，直接將物品從廚房大窗台送入屋，是女主人的便利輸送帶。

5 不磨手外窗台↓
將凹凸感的洗石子窗台打磨，除了置物不磨手之外，也能避免雨水水漬的殘留。

POINT
3
健康家
check list

浴室區塊集中，瓦斯配管垂直設計

宜蘭全區並無天然氣配送服務，房子的浴室位置、瓦斯管配線也做了精密計算。利用瓦斯管線可垂直3公尺傳送的特點，一、二樓浴間的瓦斯配置，集中於廚房外玄關、洗衣間兩區，就近支援樓上的兩間浴室與一樓浴間使用。

1 廚房外玄關←↓
玄關櫃位置是瓦斯配管點之一，透過垂直管線提供二樓使用。

POINT
4
健康家
check list

柱位下加裝混凝土樁避免房屋傾斜

房子在建蓋時，在每個柱位下方各打一支12公尺的混凝土樁，這是因為張宅採鋼筋混凝土構造，建築物較重，而基地鄰近地區淺層土壤的承載力不是很好，混凝土樁能夠將房屋的重量傳遞到較深的、承載力較佳的砂層或礫石層，將來比較不會產生房屋沉陷、傾斜的問題。

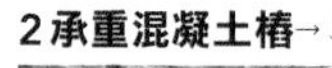

2 承重混凝土樁→↓

1 斬石子牆與石感地磚←
斬石子牆、木踏階、石材地磚、馬賽克，都是具有呼吸感的建材，在清理上也十分方便。

2 紅磚↓
室內牆面也延續外牆的紅磚風格，飾以木條增加風格。

4 半銅瓦屋頂↑
斜屋頂採用法國進口的半銅瓦，忠實地體現女主人喜愛的歐陸鄉村洋房設計。

3 外圍牆材↑
外圍牆以多種材質構築而成，金屬、石材、磚、斬石子。

1 西面多開窗↑
造型煙囪所在的西面開了不少的窗戶迎納西風，房子室內自然涼快，減少對冷氣空調設備的依賴。

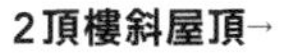

2 頂樓斜屋頂→
木作包覆的天花板裡，層層做足了隔熱設計。

POINT **5**
健康家 *check list*

多孔隙自然建材，吸收濕氣與結露

宜蘭多雨，以及特有的結露現象，都可以透過木、石、磚等可以呼吸的材質，局部調節濕度，同時也易於清理。

POINT **6**
健康家 *check list*

利用西向優勢與屋頂規畫，達成隔熱散熱

因應夏季高溫，房子的斜屋頂納入隔熱降溫的思考，拱型屋瓦下，混凝土、隔熱保麗龍、木作天花，一層層篩下暑熱。此外，搭配陽台、低台度開窗及迴廊等，以及房子西面開窗，夏日夜晚時迎進從西方雪山吹下來的山風，迅速替建築物降溫、帶走濕氣。

POINT

7

健康家
check list

善用設備，節能與除塵

因為看到國外的居家都使用中央集塵，女主人在建造房子時就特別指定家裡一定要有這項設備。多樓層的住宅，在每一層樓牆面都安裝吸塵孔，只需接管，不需搬移沉重的主機就能清理家中灰塵，同時也避免一般吸塵器粉塵散逸的吸入問題。而節能的T5燈管，則內嵌在天花板。

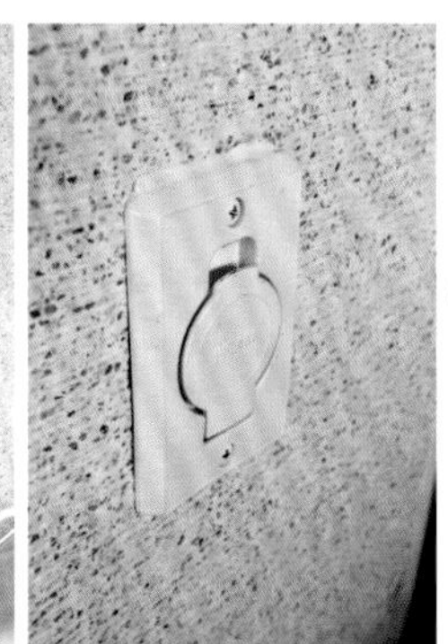

1 中央集塵主機←
安裝在洗衣房的主機只需要一點空間，即可吸取各角落的灰塵。

2 各角落的吸塵孔←
木樓梯旁的中央集塵器的吸塵孔。

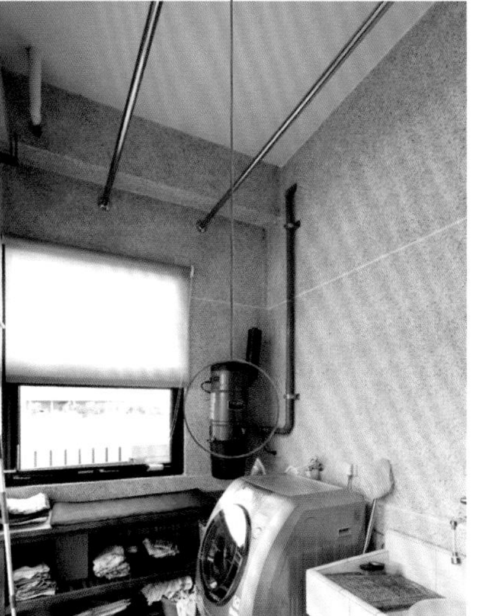

3 T5 燈管↑
安裝在天花板上，與主燈交替使用。

POINT

8

健康家
check list

溼地改作生態池，水循環優點多

張宅的基地依著蘭陽平原水圳，在新的設計裡，水路和舊井都被細心地保留下來，流動的水池，聯結一旁稻田的水道、水圳，形成一個水循環系統，不會臭，不易孳生蚊蟲。

1 生態池↑
池裡還養了烏鰡，嗜吃福壽螺，不必噴灑殺蟲劑農藥，惱人的問題自然根除。

POINT

9

健康家
check list

以愛造家，保留舊家的磚瓦記憶

紅磚牆留著張家父子2人的手砌紀錄。張家三代人歡喜蓋房子，積極參與老厝重建，舊家的一小塊洗石子牆，切了2塊下來，以菱格紋鑲在新大門牆上，讓橫跨兩代的洗石子繼續它的生命。外牆工程進行到砌磚時，張先生特別找兒子回來一起砌磚。

1 圍牆與大門牆↑

2 舊家洗石子牆局部←
希望舊家也不要被忘記，取局部洗石子老牆嵌入圍牆中。

3 父子的手砌牆←
大門牆並不是平整的，刻意讓某一水平面的紅磚微微突起，以此為界，往上區段就是出自於張家父子兩人聯手。

04 家族大滿足

90歲爺爺86歲奶奶的便利生活家

——住好家，越住越長壽

採訪／魏賓千　攝影／Yvonne　設計、圖片提供／寬．廷設計工程有限公司

一對逾80多歲的老人家，他們的新房子，淡雅寧靜的外表下，是蘊釀發酵的銀髮活力，空間的一件一物，一角一落，細心地納入方便兩老最輕鬆使用的設計，從格局思考、家具規格型式，構成一個安全網路，住的安心、健康。

平日是兩位老人家居住，假日子孫回來，餐桌還可以加長延伸。

HOUSE DATA

所 在 地 新北市
住宅類型 電梯大樓
居 住 者 2人
室內坪數 60坪
空間配置 三房兩廳、早餐區、雙衛、熱炒區
使用建材 浮雕耐磨木地板、低甲醛F1板、訂製家具、麻質壁紙、板岩、榻榻米
健康設備 浴室安全扶手、全室安全警鈴、電動門

住的大滿足
123

開放式空間，保持寬敞的行走動線，防止老人家碰撞。

無毒建材

浮雕耐磨木地板。
低甲醛F1板。
訂製家具。
天然材壁紙。

人體工學

餐桌椅降低。
座椅皆有扶手。
105cm矮櫃。

視覺照明

動線照明引導。
淺色系空間。
大字體壁鐘。

安全易行

管家鈴求助便利。
客浴雙向迴旋門。
45度斜角門檻。

早上9點至11點，是許老爺爺的河濱散步時間，高齡90歲的他吃的簡單，長時間維持下來的散步習慣，讓他保有好體力，從19歲考上翻譯官，隨軍隊遠征印尼，現年已90高齡的老爺爺環遊全世界，前些日子還接受媒體採訪，關於自己的旅途長征，老爺爺可是記得很清楚：去日本300天、大陸500天、美國150天，最遠的澳洲大陸也留下100天的紀錄……

原本居住在小南門的透天厝，考量到兩老年事已高，不適合爬樓梯，子女爲他們另找住宅，一間鄰近河濱的七年屋齡邊間房子，室內空間也完全針對這兩位高齡長輩量身打造，當中，有所謂的無障礙空間概念，有強化人身安全的全室電鈴、安全扶手設置，以及完全貼近老人家使用的訂製家具、收納安排，加上無毒的建材使用，讓老人家住的既健康又安全。

兩個空間變化，換來兒孫共聚的彈性格局

原四房雙衛配置，取消原主臥的更衣室、將鄰近餐廳的小房間改爲老奶奶每日誦經禮佛的佛室，室內開朗明亮。

房子前端面臨社區的庭園綠意，這裡規劃爲早餐區，老人家閱讀看報，眼睛望出去的便是團團翠綠生氣。廳區開闊寬廣，餐廳因佛堂空間的開放，得以分享來自房子側面的採光、風動，搭配拉門、榻榻米，當兒孫們在這兒過夜時，關上拉門就變成一個寬闊的通舖客房。

餐廳是室內中心，開放式廚房採中島廚具規劃，大中島桌的前後兩側都備有抽屜設置，支援廚房、餐廳使用。老人家早餐喝咖啡，拉開中島桌第一格抽，便是相關的咖啡杯具。廚房裡的操作動線規劃，特別將爐具區設定在鄰後陽台，搭配一片活動隔門，那裡就成了簡易的熱炒區，角落的畸零空間順勢做了收納櫃子。

1

1 高齡者的家，最重要的就是走道寬敞，以及安全的細節設計。
2 餐廳以考量人體工學的桌椅，與便利易取用的櫃子為主。
3 客廳沙發採單椅制，老人家在「起」、「坐」時，雙手都能獲得「扶」力支撐。

2

3

家具高度調降，也要「扶」有力支撐

老奶奶除了每日禮佛早課外，看日本電視節目、唱日文歌，是她的生活重心。老人家最愛的就是坐在大餐桌區，翻閱當日、當週的日本電視頻道節目表，抄下她喜愛的節目，整理成表。原木長桌四平八穩，採伸縮設計，最長可延至270公分長，爲了方便老人家使用，木餐桌特別降低5公分，變成70公分高，長板凳、餐椅等跟著調降高度。當假日時，整個家族齊聚一堂，將大餐桌展延開來，加上屋子前端的早餐桌，10~20人用餐分兩桌進行，充分支援家族活動。

這裡沒有L型沙發、321沙發配置，而是一張張單獨擺設的沙發椅，設計師解釋說，「單椅設計的考量，是爲了讓老人家在『起』、『坐』時，雙手要有「扶」力的支撐，腰部也要有輔助支撐的力道在。」椅坐高度也從一般的40 ～ 45公分規格，降低至35公分，更貼近老人家的身形使用。

若依人體工學的角度來考量，人們最常使用的高度區段會落在哪裡？朱俞君設計師雙手一展地說：「手掌打開、雙手垂直的範圍。」室內除了衣櫃，高櫃的配置降至最低，大都採105公分高的半高櫃設計，櫃子最上頭設計抽屜，收納老人家最常拿取的隨身用品、藥品、零錢等，老人家不用攀高、彎下身就能輕鬆完成收納動作。

1 大門玄關旁設置早餐桌兼閱報區，取用大片自然光。
2 佛堂大拉門，成為客廳與餐廳的視覺牆。
3 中島廚房的中島桌兩側都備有抽屜，一片活動隔門區隔熱炒區。
4 餐廳區後方半高櫃也是方便老人收納取物。
5 早餐區、客廳、餐廳、廚房，採全開放空間。
6 佛堂兼通舖客房，平日敞開拉門，空間視野開透。

平面圖

①玄關早餐區②客廳③餐廳④廚房⑤洗衣區⑥主臥室 ⑦主臥浴室⑧臥室⑨管家臥室⑨和室佛堂

自動安全網路，呵護家人無所不在

兩位老人家受的是日本教育，兩人平日的溝通都是講日本話，生活習慣也傾向和風。老人家從年輕時就喜歡上烏來泡湯，習慣坐著洗浴，浴室裡加入檜木椅、湯屋浴池設計，多處加裝安全扶手，老人家無須上山，在家就能享受泡湯樂趣。

整個空間以輕和風來表現，做了很多的留白處理，搭配深淺調的秋香綠壁紙，空裡飄出淡淡的和緩寧靜感。空間動線流暢，地坪一片平坦，避免老人家在走動時踢撞發生意外。全室採用低甲醛F1板、訂製家具，以及德國環保企口浮雕木地板，儘量縮短現場施做的工期，一點一點地祛除不利人體健康的污染源。

全室籠罩在一個安全自動網路裡，包括早餐區、浴池、馬桶區、客廳沙發區、主臥床頭區等，都設置了安全緊急電鈴，大門採自動設計，安全網路無聲無息地跟著老人家的生活作息轉動，住的舒適健康，安全、安心。

1 主臥室走道寬敞。
2 客浴雙向迴旋門，可輕鬆推開，浴室內安全防護齊備。
3 老人家喜歡泡湯，習慣坐著洗浴，主臥浴室裡加入檜木椅、湯屋浴池設計，並加裝安全扶手。
4 主臥室入口設計一道格子隔屏，遮擋視線穿透，與佛堂拉門呼應。
5 主臥外陽台小花園，老爺爺最愛在這眺望城市風光。

4

4

5

朱俞君的健康住宅觀點

健康住宅應該是回歸於建築的起點，也就是「人」，滿足真正使用空間的「人」對於空間的需求，而且是讓人回到家，心情能全然輕鬆。動線流暢、格局開闊、空間易於使用，所使用的建材不影響人體健康、安全性高。

寬廷設計工程有限公司／朱俞君

現為寬廷設計工程有限公司主持人，以「回歸人本」為設計理念，擅長生活收納設計、格局配置、風格營造。

blog.yam.com ／ yhouse

02-2547-5525

POINT

1

健康家
check list

用最少力氣來「開」、「關」門

空間裡的門，將拉門設計減至最低，以橫拉門、雙向迴旋門來取代，讓老人家在開門、關門時，不費力地就能完成開關動作。即使是玄關大門，特別加裝電動設計，透過按紐、遙控開關來完成。

1 電動大門←↑
只要一個按鈕就可以操作開關大門。

2 客浴雙向迴旋門↑
客浴門採雙向迴旋門，輕輕一推便完成開關動作。

3 主臥室拉門與軌道↑
無論是浴室門或者房間門，都有100cm寬，無論是輪椅進出或行走都不易碰撞。

全室各區裝置安全電鈴

室內各個主要空間都裝置安全電鈴，包括早餐區的座櫃、浴室裡的浴池與馬桶旁、床頭，以及客廳的沙發，讓老人家能輕易地透過安全電鈴系統，呼叫在室內其他地方的家人，做出緊急應變。

1 床頭櫃安全鈴↑
主臥床頭櫃集中插座、安全按鈕，提高人身安全。

2 浴室安全鈴↑
主臥浴缸上方的安全求救鈴十分重要。

3 早餐椅安全鈴↓
安全鈴設置在玄關入口處的早餐椅旁。

4 客廳安全鈴↓
位於客廳與餐廳的斗櫃上，除了有其他開關外，也設了安全鈴。

人體工學考量，沙發椅高度調降

客廳的沙發是採單椅配置，讓老人家在「起」、「坐」時，雙手都能有兩側扶手的「扶」力支撐。老人家的個頭嬌小，椅子高度也降低至35公分，搭配高密度泡棉的沙發座墊，就連餐桌椅的高度，都同時降低，讓老人家能輕鬆地使用，坐得舒適寬心。

1 客廳沙發↑
捨棄3+1沙發，採用有扶手單椅式的沙發，無論坐哪個位子，老人家都好起身。

2 餐桌椅↑→
考量到老人家的使用，大餐桌高度降低至70公分。
椅子同樣有扶手可協助起身，餐桌可依家族需求而伸長至270公分。

1 抽屜式斗櫃↑
拉開式的收納，方便老人家一目瞭然的置物取物。

2 衣櫃↑
主臥衣櫃中間依照老人家習慣設置成層板式，當季放中間，換季收整在上。

POINT
4
健康家
check list

櫃設計一分門別類，收納分層、分格用

除了臥房裡的衣櫃之外，其餘都無高櫃設計，大量地採用高度105公分的半高櫃設置，且概分成上、下段，下段的拉門底櫃收納較不常使用的物品，上段採抽櫃型式，搭配小方盤做分類收納，放置老人家常用的貼身用品、藥品、零錢等。

1 耐磨木地板→
無高低差的地坪與可防滑的耐磨木地板。

2 45度角浴室門檻→
浴室除了採用止滑地磚，45度斜角門檻方便輪椅進出。

行的安全，止滑地坪與浴室門檻

全室地坪平坦，避免意外踢撞跌倒，全鋪設耐磨木地板，浮雕面木地板紋理深刻，踩踏間不僅溫暖，而且安全。兩間浴室則採用具止滑作用的地磚，搭配乾濕分離設計、安全扶手，提高浴室空間的安全係數。

盥洗沐浴的全方位安全設計

無論是主臥浴室或者客浴，皆選用了活動式扶手馬桶，可平放可直立，淋浴區或浴缸旁亦設置扶手，此外，浴櫃下方的照明，確保老人家行走安全。主臥浴櫃緊鄰浴缸，成為出浴的支撐點。客浴面盆降低高度，下方內縮浴櫃方便輪椅停靠與使用。

1 客浴↑←
浴櫃包覆1/2面盆下方，內凹處主要是針對日後老人家使用輪椅而設計。

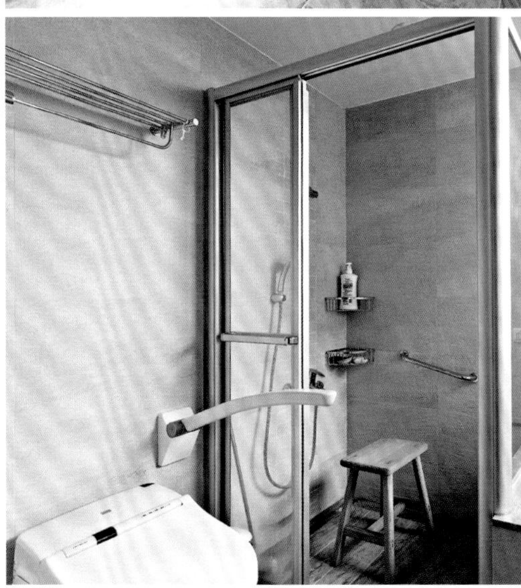

2 主臥浴室↑←
牆面上的扶手協助老人家站起，而要離開浴缸時可透過浴櫃來支撐。

POINT

7

健康家
check list

照明宜亮，色調宜淡，視物宜大

針對老人家視力較不好的狀況，在空間的設計上採光是重點，不只是充足的自然光，在燈光的安排、廊道的照明導引都關係到舒適與安全。此外，居家選用淡色系，明亮不易碰撞，也方便年長者取物尋物。

1 淡色空間與充足照明↑
各區域空間主照明之外，還有局部的補充照明。

2 浴櫃下方導引照明↑
晚上起床上廁所時，浴櫃下方的燈光讓老人家行走較安全。

3 夜間導引燈↑
主臥室房門前的過道，動線流暢，隱藏式夜燈避免刺眼。

4 大數字時鐘→
餐廳牆上掛著數字超大的壁鐘，老人家看時間不用太費力。

05 家族大滿足

輪椅老爸的無礙住宅

——養大孩子，迎接熟齡的20年老家

文字／李寶怡　圖片提供／大湖森林

當一個家完成了20年的生養、成長照料任務，緊接著而來的，就是留下來的一對爸媽，逐漸面對家族成員離去的「空巢」狀態……房間空出來了，看似空間變多了，但對於只有兩個老人家的生活而言，卻不見得好用，特別是這個家，還有一位需要輪椅助行的老爸……

半開放式中島兼做出菜台可創造出空間的層次與延伸，讓視覺也有無障礙空間。

HOUSE DATA
所在地 台北市內湖
住宅類型 電梯大樓
居住者 6、70歲以上老夫妻、24小時看護
室內坪數 25坪
空間配置 玄關、客廳、餐廳、廚房、客浴
男主人房＋傭人房、女主人房
使用建材 台灣杉木、砂岩地磚、馬賽克、頁岩磚
健康設備 對流通風設計、植栽微氣候、泥作面盆

住的大滿足
123

地坪無高低起伏的無障礙設計，行走無礙，再搭配舒適寬敞的過道，這裡是老人家養老休憩的天堂。

無毒純淨

裸紅磚直接上漆。
不上漆台灣杉木。

通風採光

對流設計。
開放式空間。

自然引入

三面窗景視覺延伸。
窗台屋頂植綠栽。
形成微氣候。

安全貼心

無突出設計。
霧面頁岩地磚防滑倒。
無階差廊道。

1

2 3

一般家中的年長爸媽即便行動自如，在居家的各環節中，仍會存在著不少引發意外的因素，更何況是長年坐在輪椅上行動與生活的老人家？這樣的問題，就發生在一間住了20多年的房子裡。屋主歷經了小家庭夫婦的盛年與養育孩子成人、成家的階段，如今來到華髮年代，老房子的確留下許多過往的回憶，卻也留下許多不適於迎接老年的舊格局與空間。

老家新改，不想讓老爸被困在小房間

主要原因，來自房子中間有三根惱人的大柱，加上空間不方正有許多畸零空間，使得必須靠輪椅移動的老爸每天僅能待在小房間裡，去一趟客廳就得面臨撞東碰西的不便，更別提及上廁所及洗澡，每次都得請菲傭幫忙攙扶，才能辛苦跨過門檻，整個環境十分不親和。

此外，房子本身的採光和通風條件也很差，因爲位處頂樓，不適的悶熱感也是一大問題，由於種種的狀況，貼心的兒女請大湖森林設計師柯竹書、楊愛蓮重新改造這個養大他們的老家，讓父母住得更健康、更舒適。

改動線，重現通風對流健康環境

老家新改的計畫，從最基本的居住實用性下手，首先先改變動線、進行無障礙空間規畫、以及浴室安全升級，以符合熟齡的使用習慣。

在格局動線上，考量高齡老爸爸的行動不便，及輪椅輔助等問題，因此盡可能地消弭公共空間區域的隔間，讓廚房、餐廳、客廳環繞中央不可敲除的結構大柱子，形成回字動線，並將收納機能都集中在這柱子上。至於私密空間，則僅規劃老爸爸及老媽媽的兩間房，並在老爸爸房裡的畸零空間規劃傭人房，方便菲傭24小時陪伴照料。

除了原本的格局被重組與重新思考，空間裡同時也採用了綠設計手法，運用開放式空間設計，以及三面式開窗採光，減少層層包覆及阻礙，引進對流風，使夏季南風依室內動線於北向窗開口路徑出去，順便也將頂樓的熱氣帶走。

1 客廳背牆用不上漆的台灣杉木包裹結構柱體，並將收納櫥櫃一併考量內入。
2 開放式空間，讓視野可以穿透，並保持良好通風。
3 因柱位影響空間配置，使空間破碎零散，因此不做過多包覆，預留輪椅迴旋空間。

「另外我們還種了許多藤類植物在屋頂上蔓延，當它長成時，會自然而然在屋頂形成一遮陽罩，阻止陽光輻射的同時，也有阻熱效果，我號稱爲『微氣候設計』。」柯竹書說。

無階差、輕量級家具，移動不費力

就無障礙設計而言，所有空間所串連的地面均採無階差設計，而且每個過道都悉心預留至少1公尺以上的寬度，以方便老人家即便坐輪椅也行動自如。門片的設計上均採輕質化的拉門設計，減少老人出力推拉的動作。

所有的櫥櫃設計都是平的，沒有任何凸出檯面，以免老人家行走時不小心撞到。家具也挑選體積小、重量輕的籐編家具，搭配四塊木製立方體的茶几。

「這是因爲原木或籐製的軟調材質，即便碰撞老人家也不容易受傷。而四塊分割立方體，方便有許多組合，如方形大茶几、一字型矮桌，或拆開成小邊几，或兒孫來訪時的小矮凳等等，而且因爲輕的關係，屋主的媽媽可以不必費力地移動，爸爸也能順利通過電視前方通道來到窗邊或出菜台邊欣賞花草，或是與老媽媽互動聊天。」柯竹書解釋說。

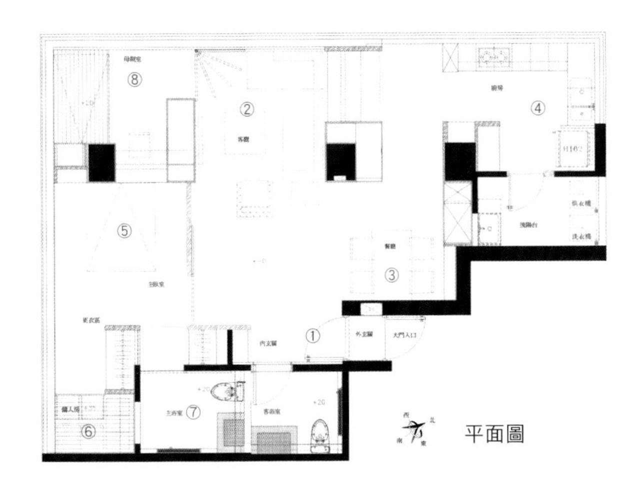

①玄關②客廳③餐廳④廚房⑤主臥室⑥主臥看護臥榻⑦主臥浴室⑧母親房

1 餐廳背牆規劃強大機能收納櫃。
2 明亮的廚房也是南北季風對流的甬道。
3 刻意將餐廳靠邊，以便留出寬敞的走道讓輪椅行走。
4 臥室衣櫃與客廳電視櫃結合，一內一外，牆體中同時包覆著另一根大柱子，減化繁雜元素。

止滑、便利的衛浴新點子

在爸爸專用的浴室裡，不但有無障礙緩坡，馬桶邊及淋浴區牆面均加裝扶把，搭配防水係數高的自然頁岩壁磚及霧面砂岩磚，帶點粗獷表面讓老人家不容易滑倒。同樣的貼心設計，也替媽媽周到的設想好了，考量老人家如廁後，要站起來除了扶手外，另一手也需更堅固的東西左右支撐，才不易跌倒，因此請泥作師傅特別砌一款紮實美觀的泥作面盆及洗手台，並捨棄了水槽內部垂直90度的舊思維，而是砌成45度斜坡，增添了洗衣板機能，方便老媽媽在此清洗貼身衣物。

家中地板，也都刻意挑選霧面的砂岩質地磚，防老人家滑倒或腳底接觸過冷等問題，再搭配質地軟的台灣杉木，將峇里島、南洋風的設計元素以現代極簡方式處理，使得老屋煥發新生，讓兩位高齡長者在彷彿渡假一般的氣氛中享受退休生活。

3

1

2

1 主臥室天花板設計及床頭高櫃化解床頭大柱及低矮大樑，並考量到居住者的個人情況，預留出方便看護照顧長者的動線以及藥品收納機能。
2 主臥的另一端為開放式衣櫃與臥榻。
3 出入主臥室的門採上軌式設計，讓地面平整方便老人家進出。
4 臥榻區彈性做為傭人房，考量到看護傭人的收納問題，將床底下設計收納抽屜。
5 爸爸專屬的衛浴在門片上採半透明的黑色中空板，保有隱私，卻又能及時發覺老人家情況，並重視防滑及通風。

4

5

大湖森林健康住宅觀點

關於健康住宅，主要掌握三要素，就是採光、通風及對流良好，其次就是減少過多的人工建材，大量應用自然無添加的材料來營造空間氛圍及機能滿足，如原木、石材等，並透過植栽在空間裡營造微氣候的氛圍，讓自己像是置身在綠意大自然裡，營造出舒適自在的環境。

大湖森林室內設計／柯竹書＆楊愛蓮

擅長將戶外景致延攬入室，能在無形中達到放大空間的效果；而畸零、錯層、歪斜的空間在處理上更能表現設計師對空間的敏銳度、掌握度，將空間劣勢轉化成優勢的特長，並藉由綠設計的手法，將光影、風、綠意融入室內環境，使室內空間更加自然、輕鬆、舒壓。

lakeforestdesign.pixnet.net

02-2633-2700

POINT

1

健康家

check list

用天然材 做裝修主體

採用質地較軟的台灣杉木做為包裹柱體及收納櫃的門材，不上漆的天然木紋為空間帶來濃濃的自然氣氛，也減少甲醛的污染，同時因其木質的毛細孔能調節空氣裡的乾溼度，號稱會呼吸的健康自然材質。除此之外，在家具的選用上，也採用採用籐編家具，十足的天然感。

1 台灣杉木牆與櫃↑
台灣杉木材質較軟，不怕老人行動時撞傷，此外不上漆的處理手法，除了保留天然原木的毛細孔可調節空氣的乾溼度，無甲醛問題，算是健康材質。

2 籐編家具↑
質輕透氣的材質，延續居家選材的天然感。

1 客浴洗衣板面盆↖↑

客浴的面盆不只可充當扶手，還兼洗衣板。面盆內槽傾斜45度的設計，讓女主人安全又方便地在此洗滌貼身衣物，不必再蹲上蹲下。

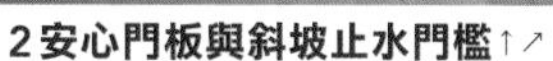

2 安心門板與斜坡止水門檻↑↗

至於老爸因必須依靠輪椅進出，因此在主臥浴室門口設計斜坡銜接主臥，同時在接縫處再用清石子設計內傾的洩水止滑坡，防止浴室的水流至臥室。

POINT

2

健康家

check list

雙浴室安全設計 扶手面盆vs. 半透視門板

因應老人家在衛浴行動的安全性及便利性，特別在媽媽常用的客浴用泥作砌出馬賽克面盆，穩固又安全的基底可充當老人家如廁後起身的扶手。地面洩水口採大面積斜向處理，快速排水保持地面乾燥，砂岩地磚可防老人滑倒問題。至於老爸的浴室，門片採輕質推拉門，適合年紀大的力氣，此外在地磚上採粗質霧面砂岩磚，有止滑效果。並且儘量設置通風開口，讓空氣迴流通風，讓老人家不會因空氣不足而產生昏厥情況，也保持浴室乾燥衛生。而黑色中空板的門板具半透視效果，可讓家人掌控了解老爸在浴室的情況，同時保有隱私。

省力門片與無碰撞設計

因顧及老人家的力氣有限，再加上坐輪椅不方便，因此將門改為木皮輕質化的吊軌式拉門，讓老爸爸即使坐在輪椅上進出都便利。以紅磚砌成的隔間牆，塗上白色，當燈光照在凹凸不平牆面上，為空間帶來層次變化。另外，避免高齡父母在家行走時會撞到腳趾頭及膝蓋，所以立面家具設計皆不做低矮平台，或是選用圓弧設計物件，甚至於內縮，確保無碰撞的可能。

1 開門不費力的輕質吊軌拉門←
拉門最適合行動不便者與手勁較弱的家人。

2 內縮5公分的床架↙↓
老媽媽的床組特別少5公分，讓床墊凸出來，才不易撞到腳趾頭。

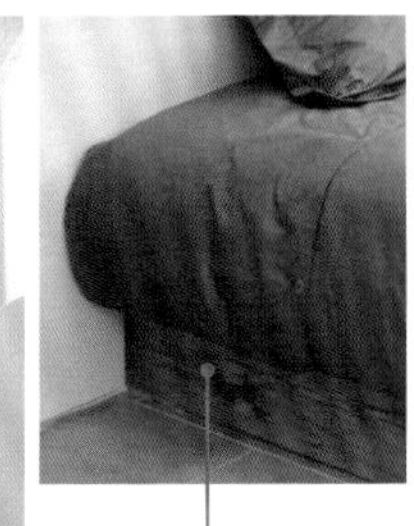

3 寬敞的廊距↓
即便是廚房通道，寬敞的廊距讓老爸爸坐著輪椅也可以進來自己倒茶。

POINT

4

健康家
check list

看護人員休憩的空間利用規劃

為方便照顧老人家，並提供傭人良好的休息空間，特別將男主臥的零星空間規劃出傭人房，保有互動與照料的即時性，而看護者本身的私人物件，則可擺放在床下專屬的大型收納櫃。

1 看護者的私空間↑→
利用衣櫃區隔出的角落，可以當床也可以當作小型休憩平台。

POINT

5

健康家
check list

運用綠色及藤類植栽營造微氣候

所謂的微氣候，指的就是運用綠色及藤類植栽在居家環境形成一個外在保護罩，透過植物的葉莖在夏天可擋太陽熱輻射及外在沙塵，在冬天時則可有保溫效果，並在植物根莖下方會產生一個自然迴流，使熱空氣通過頂樓或壁面傳導到室內時變涼爽舒適。

1 頂樓綠植栽↓
植栽間隙所產生的隔熱效果，創造出微氣候。

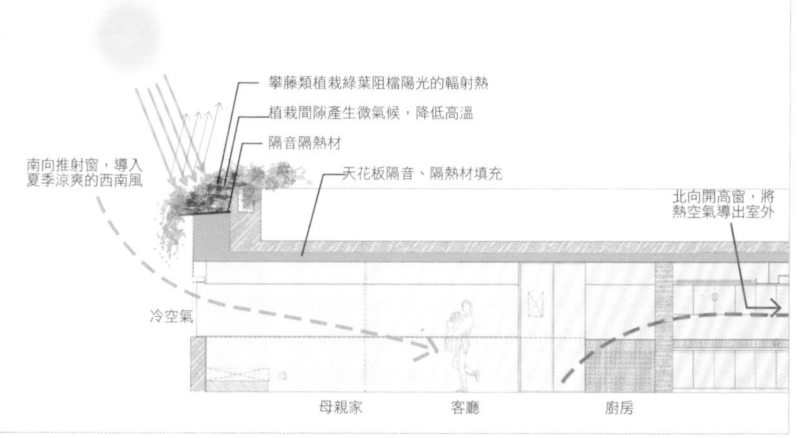

2 窗外綠植栽→
窗外種植植栽運用微氣候調節室內溫度。

06 空間好舒適

迎南風避北風，家的自體滿足

——簷廊如翅，隔熱保暖木構住宅

文／李佳芳　圖片提供／考工記　攝影／劉俊傑

使用永續的建築材料，從一棟房子開始復育生態、活化大地，這棟木構造建築，順著台灣的風、土、陽光而蓋，教導我們如何在自然裡過好生活。

大遮陽屋簷下，室內燈光讓格狀建築如東方竹燈籠般有意境。

HOUSE DATA

所在地 台灣北部
住宅類型 自地自建
居住人數 父、母、長女、長子、長媳
土地面積 2500平方米
建坪：120坪
空間配置（1F）玄關、客廳、餐廳、廚房、主臥、主臥衛浴、露台（2F）長女房、和室、起居間、長子房、長媳房
使用建材 建築／SPF木板材（主結構）、花旗松膠合樑、混凝土、屋頂金屬瓦（熱浸鍍鋅鋼板+氟碳烤漆）、水泥板、石膏板
室內／陶磚、馬賽克磚、蛇紋石、鐵件、香柏木（臥室主牆）、紫檀地板、黃檜地板 園藝／南方松、枕木

住的大滿足
123

開窗與木格柵為家帶來了細膩的光影，同時也是散熱好設計。

永續用材

全棟木構造。
使用永續林木料。

隔熱散熱

天窗排氣設備。
防水隔熱複牆。
雙層 Low-E 玻璃。

自然共生

基地架高輕觸大地。

安全防災

防颱防震剪力牆。
進口防水窗框。

位在北台灣向陽的緩坡上，一座輕巧如風箏的建築，歇在長滿綠草的台地上，那揚起的屋簷好似準備迎風起飛，這棟房子是T先生一家夢想很久終於完成的房子，與西雅圖有密切關係的T先生，嚮往著像西雅圖那樣，舒服又充滿自然感的住宅環境。在北台灣，他覓得一處幽靜的建地，希望把這樣的理想，付諸在生於斯長於斯的土地上。

創造宜人的微氣候

站在基地上，建築所在地的位置是一個台地，向南望去是熱鬧的城鄉風景，向北則是原始山林，而西北側則有一個山凹，連著向北拔昇的山形。爲了保留原始自然地貌，建築依著山坡設計，完全不開挖、不整地，利用木構斜撐來克服地形高低差。這棟充滿生命力的房子以相當少量的鋼筋混凝土建成，全棟使用木構造，輕輕立於混凝土樁上，減少建築對環境的衝擊。

由於房子位處空曠山郊，北台灣冬夏交替的季風氣候明顯，尤其冬季越過山嶺長驅而下的東北季風，更是冷冽。強勁的北風是建築首要克服的氣候難題。順應風土而造的房子被設計爲L型，使外部庭院得到溫暖屏障，創造對人合宜的微氣候；而內部空間則利用配置與開口設計，形成冬夏宜人的舒適住空間。

從熱觀點設計好空間

全棟建築開窗設計北向與東向閉鎖，朝南向與西向開口。北側開窗極少，與視線同高的橫窗不大，但足夠引入綠意。在北面立面的一樓，由南方松與玻璃構成的溫室，用來做洗衣間，同時也可以做爲調節層，避免冷風直接侵入客廳，而下層的百葉設計是活動通氣孔，有助夏季季風南北對流，保持室內涼爽。二樓北側的空間，所有臥室皆靠南設置，朝北處則爲廊道，除了溝通動線，作用也類似洗衣間，如驅寒的暖衣，保護著內側臥室空間。

1 L型建築朝向南面圍塑無風地帶，做為中庭與露台，宜於居住者四季活動。
2 東面和北面的開窗較少，避開冬日的寒風。
3 露台上方加上強化玻璃，無論晴雨都可使用。
4 整個木構造特意在此跳用混凝土牆，撐起建築伸向南邊的結構，圓形開口成為自然風景掛畫。屋下空間剛好做為車庫，下雨天可直接停車回家，不會被淋濕。

1

2

3

1F平面圖

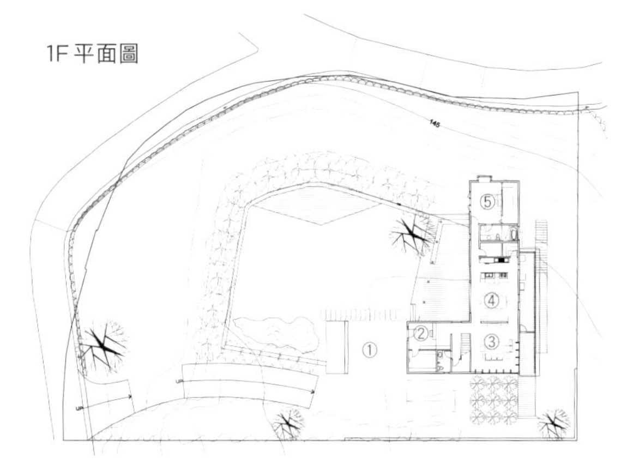

2F平面圖

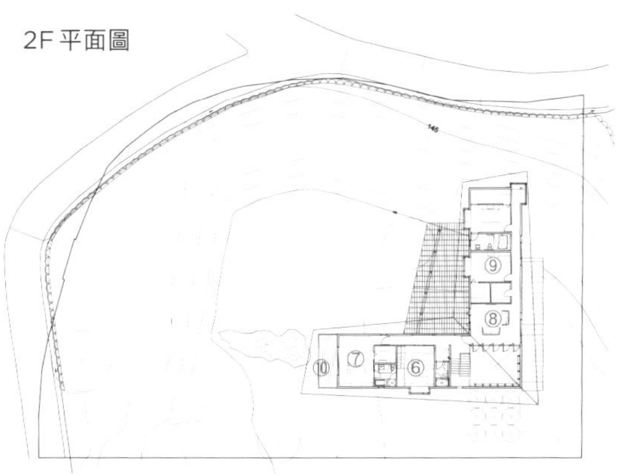

①穿堂②玄關③客廳④廚房⑤主臥⑥和室⑦更衣室⑧起居室⑨臥室⑩南向陽台

爲了避免冬季內部熱能散逸、夏季外部熱能傳導，全棟建築使用複層外牆，以灰泥、油毛氈進行強化與防水工程，利用隔熱材在壁體與屋頂設置隔熱層，利用空氣爲不良熱導體的特性，阻斷熱能傳導。至於高溫悶濕的夏季，洪育成利用建築外看來像小房子的錐形——其實是遙控高窗——對應客廳挑空將近10米的結構最高處，使無風熱暑之時，開啓形成煙囪效應，牽動屋內空氣對流，幫房子內部降溫。

雙世代半獨立生活配置

走進客廳，垂直的LVL木列柱立足於紫檀木地板上，筆直地呼應著山林裡的大樹，而洗牆燈打亮白牆，原木屋頂輕輕攏起空間，層次的色系中透出溫暖、平和與安靜，隱含著家庭重心的意義。T先生夫婦希望這棟兩層樓的房子，被設計爲兩代人能同堂樂活的大宅，不僅有闔家齊聚的熱鬧，也能讓女兒與已婚的兒子、兒媳等年輕一代，可以擁有自在舒適的半獨立生活空間。

1 挑高區域最高點有高窗，可以帶動整個空間氣流。
2 挑空區域下層是全家共享的客廳，上層是年輕世代的起居間。
3 從廚房到孝親房的無障礙廊道。開放餐廚的大餐桌是用黃檜剩料拼成，為兩世代家庭飲食活動的共用平台。
4 介於客廳與玄關的梯間，不封閉的隔間方式，讓氣流與光線流動不受阻礙。

因此，房子一樓設定爲共同使用的客廳與開放廚房空間，廚房後方則是T先生夫婦的臥室，因動線平坦較方便長者進出。年輕人的生活空間主要在二樓，走上樓梯的開放空間，是次世代家族共享的起居空間，與客廳挑空相隔的介面，採用活動玻璃格窗，讓上下空間保持良好穿透與互動，同時也是上層空氣對流的風道。

木製電視櫃／牆區隔後方偌大的餐廚空間，一張以黃檜剩料拼成的大餐桌，寬約1.2米、長約2.4米，取代了個別獨立的書房，成爲兩個家庭閱書、讀報、飲食活動的共用平台。爲了抵擋冬季強勁的北風，建築開口大多朝向南面，迎向建築圍塑的中庭。餐廳與中庭之間的露台，三樘大開的橫拉門，讓人可從餐廳走出露台，而棚架上增加了雨遮功能的強化清玻璃，使無論冬夏晴雨，人們都能在和煦的木頭香中，享受與自然親密共享的生活方式。

1 浴室裡的光線，是來自於天窗。
2 女兒房以藍色背牆區隔寢區與工作區。
3 建築依著山坡設計，不開挖、不整地，減少建築對環境的衝擊。
4 榻榻米空間的窗戶向外突出成為窗台，高度剛好適合坐著。
5 二樓南向配置女兒房與和室，廊道設計靠中庭，符合樓梯上來的動線，也減緩西曬直射房間。

3

4

5

洪育成的健康住宅觀點

身心靈整體健康是現代人追求的生活型態，也是考工記設計思考的要軸。我們創造健康的建築，不只是室內健康無毒綠建材的運用，更把陽光、空氣、水帶入生活空間之中，並在居住者享有美好的居住空間同時，將「永續設計」的核心價值發揮到極致。

考工記工程顧問有限公司／洪育成

以春秋戰國著名科學技術著作自許，考工記從實際的經驗性技術知識出發，期待在技術的基礎之上，尋求建築的詩意境界；並在這瞬息萬變的年代，對未來建築提出前瞻性的看法。考工記近年來也致力於生態建築、木構造、鋼構造、廠房建築以及學校建築等之工程與設計。

www.origin.com.tw

04-2203-3880

POINT

1

健康家

check list

2×4木構工法，防震又防颱

建築採用2×4木構工法(two by four methods)，考慮防震與防颱，整體結構使用六至七種剪力牆，且室內地、壁使用耐潮等級較高的Plywood板，而非OSB板，其在防震時扮演重要角色。

1房子東側牆↑

當地震剪力衝擊，可隨應力順移，避免結構受損。
且使用北美洲人造林認證制度之木料，確保取得來源符合永續環保。

永續環保

建築架構在點狀的混凝土基樁上，以最小面積輕觸大地，且鋪面使用回收枕木、卵石、石礫等自然材料，製作透水性鋪面，有助於涵養土地。

1減少環境衝擊←

房子建構過程，採用不開挖不整地的方式，以混凝土做為基樁架高木構來克服地形。

2天然防腐材↓

臥房地板使用黃檜，為天然防腐材，所以不須藥劑處理，對人體更好。而用剩的黃檜，則做成桌子。

3透水鋪面←

人行步道採用石、木等天然材，可讓雨水自然滲入。

POINT

3

健康家

check list

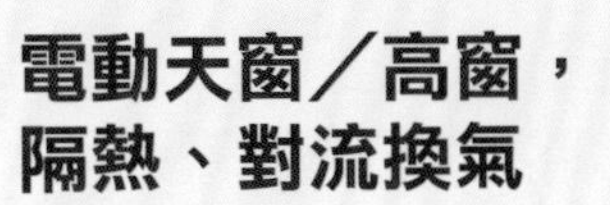

電動天窗／高窗，隔熱、對流換氣

在綠建築法規中，有天窗的設計被認為是有損節能的，但洪育成認為那是因為採用固定式的設計，如果是具有隔熱功能的可啟式天窗，以符合內部氣流原理設計，反而有助帶動氣流、降低夏季室內溫度，減少使用空調的機率。

1屋頂上的天窗外觀→
屋頂上小房子是遙控高窗，設在客廳挑空制高處，夏季形成煙囪效應帶動空氣流動。

2客廳電動天窗←↑
客廳內的天窗設計，功用除了採光外，還可透過電動控制開啟，可利用煙囪效應幫助室內空氣對流，達到換氣降溫效果。

3浴室天窗↑
淋浴空間設計天窗，提供良好日光，也可自然通風除濕。

4 起居室格窗←
二樓結構延伸樑體材料，整體採用花旗松，樓上起居間可透過格窗眺看客廳，格窗並有開啟設計，可讓上層空間共享空氣對流。

POINT

4

健康家
check list

斷熱與防水，好牆創造好空間

木構造的房子主要是使用複層板牆隔熱與防水，複層板牆是以水泥纖維板、油毛氈，增加耐久性與防水效果，並且以角料釘出空氣層，再釘上外殼，形成Rain Screen（又稱為遮雨層），原理在於不讓外飾材直接接觸牆面，在結構與外牆創造等壓空間，雨季時可平衡強風吹入的壓力，在毛細現象發生前就將滲入的雨水排出。

1遮雨層←
外牆剖面，可見牆中間有Rain Screen等壓層。

2冷凍板↓
屋頂構造則額外加入發泡板（又稱冷凍板）加強隔熱性。

3牆與遮雨層排出口↑→
牆面下方黑色條為遮雨層的排出口。

POINT

健康家
check list

廊道／玻璃屋，調節室溫的配置法

房子北面在冬日會有寒冷北風，因此利用此面做出一個玻璃屋，成為洗衣間，主要是讓該空間做為調溫層，不讓冷風直接進入客廳。在北側的二樓廊道規劃，同樣也是意在調節室溫，讓臥室不受寒風侵襲。

1 玻璃屋洗衣間↑←
南方松與玻璃構成的溫室，冬季時可利用下方百葉設計通氣孔通風。夏季季風南北對流，亦可保持室內涼爽。

2 北面廊道↑↗
廊道可避免房間外牆直接貼著冷風或熾熱的西曬陽光，廊道的設計除了考慮動線之外，依照建築方位、氣候不同而設計。

POINT
6
健康家
check list

1 室外窗框與泛水片←
窗框與泛水片一體成形，可以避免滲水。

一窗兩個面向，室內營造風格，室外耐候防潑水

全棟使用Pella進口木構造專用窗，特別設計的窗框內層為符合空間風格的木材質，外層為耐候的金屬材料，且具有防潑水設計；窗框與泛水片（Flashing）一體成型，沒有縫隙，可以避免滲水。玻璃則是使用填入氬氣斷熱的雙層LOW-E玻璃。

2 室內木框→
窗框內側為木材質，符合室內的內裝風格。

POINT
7
健康家
check list

1 露台棚架上↑↗
棚架上方局部使用強化清玻璃，可以讓風透也可以遮風避雨。

無風地帶中庭露台，棚架雨遮晴雨皆宜

餐廳和中庭間的過渡地帶為一橫向寬敞露台，從廚房大拉門走出，可以在此享受自然的風與光，受房子兩側包覆阻風 ，不用擔心強風吹襲。木格柵棚架上有強化清玻璃，即使雨天也能走出戶外。

2 中庭露台←
寬又深的格柵棚架，也具有遮蔭效果，讓廚房餐廳更為涼爽。

維護與修繕，顧好房子的管線、浴室防水、廚房抗污

建築依著山坡蓋，地板下方也是管線間，並於儲藏室地板設計檢修孔，明管設計日後維修相當方便。此外木構造最擔心洩水設計不良產生漏水問題，浴廁濕區除結構洩水坡度設計、兩道防水毯工程外，混凝土結構並以金屬網補強，避免龜裂滲水。此外，施工前並預先埋入鋼槽，鋼槽為防水的最後一道關卡，以防百密一疏，可將滲水集中排出，避免影響木構造。

1地基明管修繕→
不用再大動工程，明管的設計讓維修更便利。

2鋼槽浴室↑
施工階段的浴室的結構底層會先鋪上鋼槽。

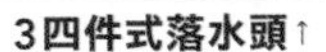

3四件式落水頭↑
使用四件式落水頭防水毯直接鋪入裡面，避免漏水問題。

4耐污陶磚↑↗
廚房工作區改採耐濕耐髒的陶磚，陶磚的質樸感與紫檀木拼料地板頗能呼應，經整平與溝縫處理讓兩者融為一體。

07 空間好舒適

夏日低3度，冬日暖呼呼的安居之所

──日本快適宅，管理家人健康

文／李佳芳　攝影／王正毅

你知道「房子會通風」與「房子會呼吸」是截然不同的兩碼子事嗎？講究健康舒適的日本建築，把傳統木構造與最新的健康工法結合，打造出一棟能自我空氣管理、無障礙的快意住宅。

位在山坡上的夢幻小屋使用模組式的木構造蓋成，僅需要兩個多月就能完工。

HOUSE DATA

所在地 北台灣
住宅類型 I-Head構法免震木屋
土地面積 750坪
坪數 45坪
空間配置 客廳、餐廳、廚房、和室、主臥(含衛浴、更衣室)、小孩房、平台
使用建材 高性能斷熱材、高性能雙層LOW-E玻璃、中央式空氣交換系統、鋼床板、隔熱材EPS、合板

揉合和洋風格的空間，加入了傳統日本房子較正式的接待空間「和室」。

無毒純淨

實木無垢材。

斷熱隔熱

屋頂板下斷熱設計。
隔熱複壁。
全熱交換機。

便利安全

智慧型爐台。
無障礙設計。
高機能五金。

強化設計

全棟六十年防腐處理。
軸組工法鐵件強化。
剪力牆設計。

1
2
3

1 木構造住宅不見得都得走傳統和風路線，也可以是優雅的洋房。
2 從地板、牆面到屋頂，是一個完整的氣流循環設計。
3 大門可隔冷隔熱，在日本北海道也是用這種門。室外溫度不會影響內部。且玄關設計扶手，相當貼心。
4 空間設計混合和洋風格，除了洋式客廳，也有和室設計。

北台灣的山丘上一幢洋房矗立，紅瓦白磚新穎現代，令人難以想像它是一棟木構造房屋。這是來自日本的建築團隊鈴木木造建築研究所設計完成，他們引進當地新型的模組式木造工法，針對台灣氣候與現代生活設計出的和洋風住宅，同時也引介日本講究健康快適的設計細節。

和洋風格洗練融合

進入房子的第一眼，立刻可感受和洋融合的風格。採用傳統御影石的玄關，側牆大面櫃體不只足夠提供一家人需求的收納量，同時還結合窗台，提供良好光源；並且利用牆厚設計壁凹，陳列屋主喜愛的收藏品，塑造出恭謹迎賓的意象。日式裝修手法不多累贅，整體空間大多使用淺色的和紙與沉穩的木頭兩種材料，風格洗練成熟。井然有秩的配置安排中，最特別的就是洋風與和風並存的客廳與和室。在日本文化中，洋式客廳的定義類似於輕鬆休閒的起居間，主要爲一家人共享的空間，也用來招待較熟稔的親友；而和室則是爲較正式的待客空間，在台灣也可當成彈性空間使用。

爲了讓傳統和室符合整體空間的現代感與通透性，除了榻榻米採用雙色棋盤排列外，和紙製作的障子門（和室拉門），更加上了特殊的「雪見」設計，符合坐在榻榻米上的觀景高度與低台度引入採光等功能。

針對全齡的設計思考

木頭具有自動調節濕度與溫度特質，是會呼吸的自然建材。經常收看住宅改造節目的人都知道，日本人開發新建材的功夫了得，但卻未改變他們對傳統木建材的喜愛，一棟近百年的老宅即使破舊不堪，也會被慎重以待，重新整修成舒適可靠的新家，繼續庇護下一代成長。

同理，這棟房子的木造工法，以傳統軸組結構爲支撐，隔間與外牆則採用歐美板牆系統，因此牆壁不具有結構支撐功能，餐廳、客廳、廚房與房間的隔間都可適應將來需求靈活調整。此外，具有長遠性的全齡設計思考，在房子裡處處可見。從玄關口到上樓，貼心的扶手設計，能幫助支撐身體重量，減輕上下階梯的負擔；而衣櫃採用按壓式取手、地板使用嵌入式磁吸門擋，可維持表面平整美觀，也可以避免老人小孩碰撞受傷。

高效模組打造魔法空間

整體房子的設計思維圍繞著節能、安全、建康與綠建築，爲了讓房子適應冷暖氣候，所使用的材料皆是日本進口，從屋頂、地板、門窗到牆壁都具有隔熱防寒等功能，建造上更具有環保高效率思考。房子的樑柱使用柳杉整支抽成的無垢材，加上水性ACO處理，不但無毒，還可以防腐六十年，結構並加入鐵件補強，使整棟建築達到法規以上的制震能力。鈴木木造建築研究所的董事鈴木正弘說：「這棟房子運用高效率的模組施工方式，不但只要兩個半月就能完工（不含基礎工程），而且更能有效管理建材不浪費。」

採用雙層設計的外牆，使用可耐燃兩小時的防火板，牆內並鋪上防水透氣布，並設計透氣層，大雨時除了可順利排出滲水，更能藉由上下方網孔導入氣流循環，帶走壁面吸附的熱量。鈴木正弘說，尤其屋頂與板下（地板下）的斷熱工法，更如同爲房子製造出有效降溫的魔法空間。「斷熱材在日本建築是必要的，主要是因爲日本冬季降雪，氣溫很低，斷熱可以使室內溫度平穩，減少暖氣用量。在夏季漫長的台灣，斷熱再加上全熱式交換機，平均室內溫度就可以降下三度，有利減少空調用量，達到節能效果。」

1 和室榻榻米採雙色棋盤排列，和室的壁櫃其實是運用梯下空間設計。
2 和室門片有雪見窗設計。
3 從客廳可以通向廚房，也可以右轉進餐廳、或是直接上樓，動線設計多元。
4 餐廳擁有雙向開窗，即使坪數不大，空間感依舊舒適。
5 廚房是一體成型的設計。

1

2

1
2
3
4

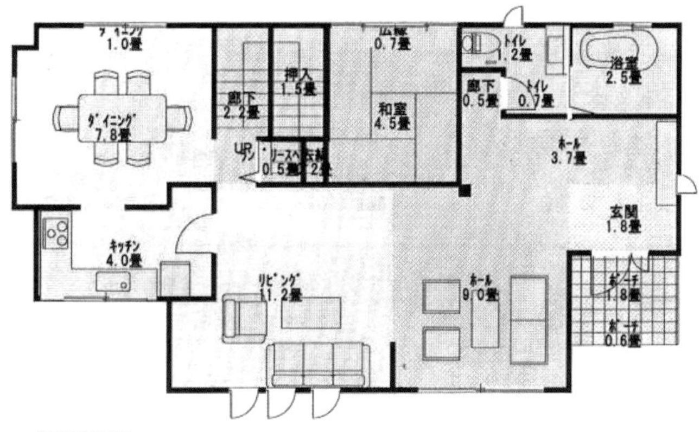

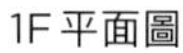
1F 平面圖

2F 平面圖

1 二樓規劃為家庭成員的各別房間。
2 梯間挑空，且具有良好採光，因此日間不需要人工照明。
3 主臥的陽台拉門大量取光，但卻可以隔絕熱氣。
4 主臥的更衣室，45度切角讓通往洗面台與主臥浴室的通道放寬。衣櫃預留的空間尺寸都是針對標準尺寸設定，內櫃除了可以使用公司配合品牌外，消費者去市場上買其他品牌使用，也不會有尺寸不合的現象。

鈴木正弘的健康住宅觀點

台灣的造屋將營建與裝修分開而談，但在日本蓋房子不分室內、室外都是同一件事情。我們認為，人、空間、環境的關係緊密並且互相影響，住宅要符合人性與人體工學，也要關心環境。建造的時候，我們思考如何製造做出舒適的房子，同時也注意不要改變自然，善用大自然的環境，來蓋適合人居住的房子。

鈴木木造建築研究所

日本木構造房屋的專家，企業理念為打造良好的基本性能、高品質、可信賴的價格且安心的家屋。

www.ichijo.co.jp

天、地、壁的斷熱、隔熱隔寒處理

く型的屋頂如同為房子蓋上一頂空氣帽，可以阻絕熱能直接傳導；而板下斷熱不同於水泥地基直接貼磚或鋪地板，而是將地板抬離地面，製造下方空氣層，再鋪上斷熱材料，可以避免午後熱輻射傳導。墊高的地板下空間也是寬敞的管道間，不僅檢修方便，將來要變更管道也無須大舉鑿地拆牆。

1 上下斷熱處理↑←
屋頂與板下（地板下）的斷熱工法，讓房子有效降溫。板下斷熱設計將地板架高45～65公分，同時也是方便維修的管道間。

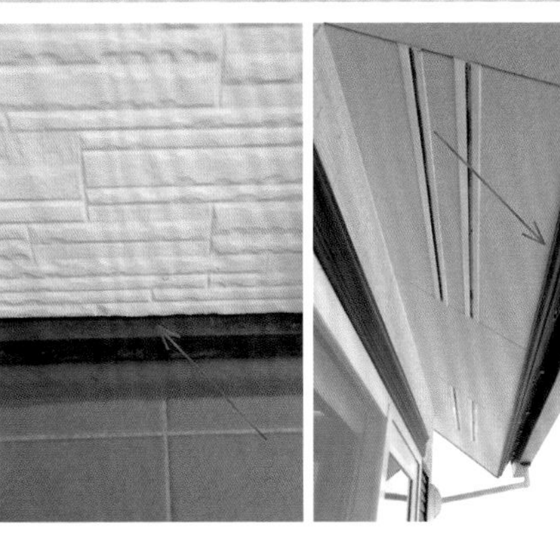

2 下方進氣孔+屋簷排氣孔，可冷卻溫度的牆←
牆面下有一腰帶般的設計，其實是雙層牆的進風口，風從下方進去然後熱空氣從屋頂排出，磚牆裡面還有做處理，就像一個冰箱，隔熱隔寒，內部則是石膏板貼壁紙，形成一個雙牆壁。

3 雙層玻璃窗↓
窗內灌入可隔熱的惰性氣體（氬氣），大熱天用手觸摸會發現室外玻璃和室內玻璃冷熱不同。

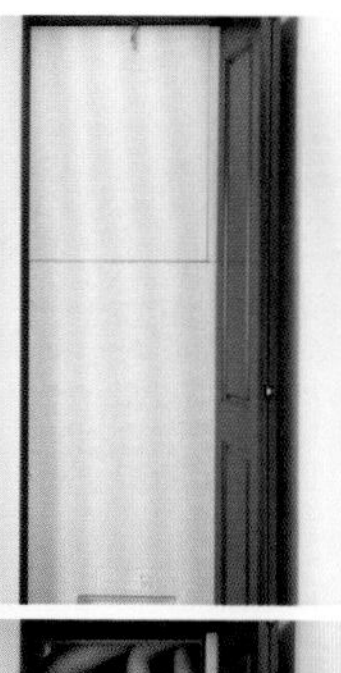

1全熱式交換機↑↗
主臥衣櫃的最後一片門板內藏著全熱交換機，是過濾管理房子空氣品質的心臟。

POINT
2
健康家
check list

減少病源的空氣管理

全棟以全熱交換機進行空氣管理，24小時控管溫度、濕度，外部空氣進入後會先過濾花粉、塵蟎，並且能調溫、調濕，可以避免過敏、關節炎等。一般進風口會設計在各臥房空間內，而回氣口則設於公共空間（客廳、走廊），利用門的縫隙流動，每兩小時換氣。

2隱藏式取手（門把）↑↗
日本進口五金相當精緻，衣櫃的取手可以收納，避免碰撞受傷。

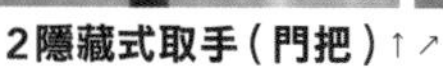
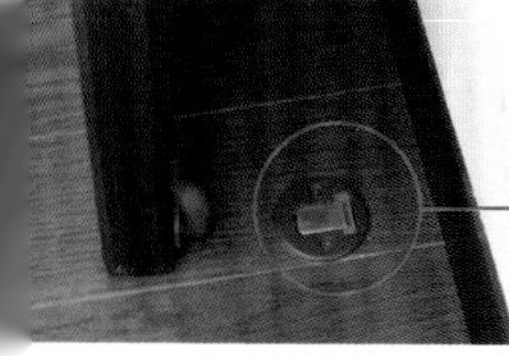

3吸鐵式門擋↑↗
保持地板平整的門擋，避免不小心踢到。

1玄關扶手↑
在玄關與客廳地板高低差處，設置扶手，輔助上下階，或協助習慣站著穿鞋脫鞋者一個支撐。

POINT
3
健康家
check list

細部設備，貼心又安全設備

房子裡有不少細節，關乎著居住者的安全與使用上的便利貼心，如玄關的扶手設計，具支撐協助功能。衣櫃取手（門把）與嵌入式門擋，都是為了避免家中有突起物，造成家人受傷。

體貼女性的浴室設計

主臥衛浴裡有更衣室，洗手台上的水龍頭可以拉起來洗頭（方便日本女生在家洗髮），上方鏡面可以做不同變化（像是左右對照，或是全部右掀、左掀（因為鏡面後方有軌道的活動設計），各角度都照得到。

1全方位照鏡←↑
浴室內的鏡櫃門片具有多元開啟方式，方便整理儀容。

2面盆伸縮龍頭↑↗
臨時想要洗頭，面盆的伸縮龍頭十分方便。

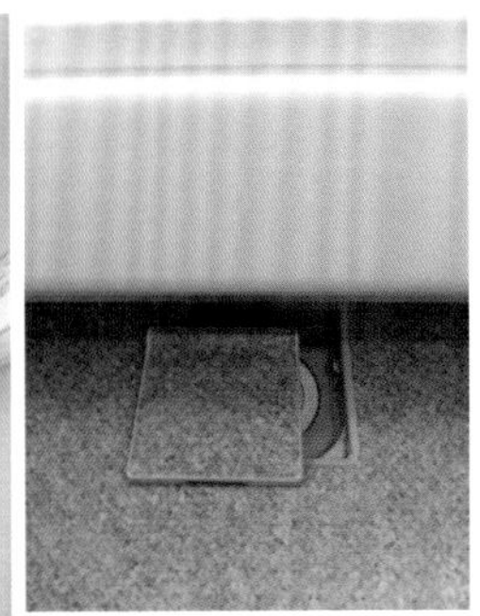

3浴室有蓋落水頭←↑
一體成形的浴室，落水頭上方有蓋，防蚊蟲進出。

POINT

5

健康家
check list

空間的收納運用

日本家宅對於收納設計格外重視，房子內妥善應用畸零空間，如將梯下空間設計為和室壁櫃，用來收納客用被褥或大型家電，且壁櫃下的地板可掀起，方便檢修管線；此外，梯間轉角則為洗衣機收納櫃，其正上方為主臥淋浴間，也考慮到配管共用的效率性。

1 鞋櫃與深窗←↑
玄關處保有日式土間的概念，並做了大量的收納櫃，櫃與櫃間預留一深窗取光。造型玻璃窗的格子設計在雙層玻璃中間，可避免灰塵沉積，整面式玻璃面更容易擦拭清潔。

2 和室下的檢修空間↓
和室的壁櫃其實是運用梯下空間設計，櫃內的地板設有管道檢修孔，可直接在屋內修繕。

3 洗衣機↑
樓梯旁的儲物間可放入洗衣機，一點空間都沒浪費。

POINT

6

健康家

check list

多元的窗設計，創造不同機能

房子裡的開窗呈現不同型式，也創造了不同功能，如和式的障子門開窗有兩種方法，可左右對開讓陽光直入，也可上推，留下較低的光照與景色。而在臥室或其他空間的隔熱雙層玻璃窗，則有多段式設計，從安全與舒適度，全方位考量窗戶可以提供給人的服務。

1多段式安全窗↑
窗戶具有多段式設計，並有安全桿或是安全扣可開個小縫透氣，都是用來避免孩童任意開窗或跌落。此外玻璃門加上下拉式紗網設計，避免蚊蟲飛入。

2床頭櫃門窗↓
臥室床頭櫃與窗結合，窗戶可靈活調整採光。

3和室障子門↑
可透光的門片，上開的設計通常是日本冬季下雪時使用，裡面的人可以欣賞庭園外景，因此叫「雪見」，在不下雪的台灣，則可以調整光量。

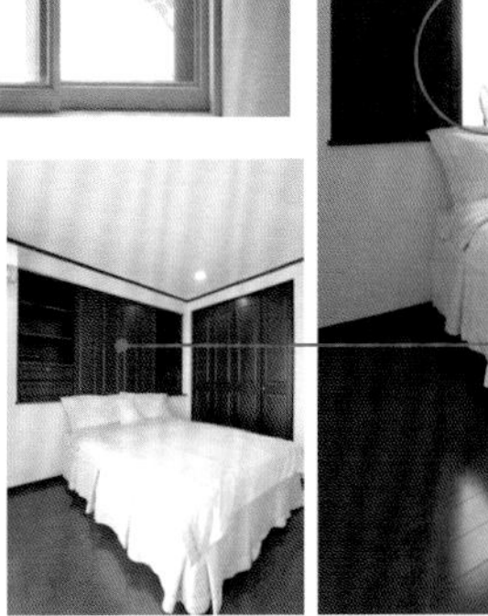

1客廳與廚房串連→
客廳的底端就是廚房。

POINT
7
健康家
check list

2餐廳空間←
獨立的用餐區。

餐廳、廚房雙動線，待客上菜都方便

整體空間的規劃以機能實用為主，從玄關、客廳、和室、餐廳到廚房，儘管分區獨立，但動線匯合在忙碌的餐廚區域，使工作可以流暢進行。倘若將來生活型態改變，房子採取板牆系統，因為不具有承重功能，可以很方便地拆除，重構空間平面。

3客廳與廚房串連↓
在客廳、廚房、梯間以及餐廳交會處。

08 舒適好空間

對抗西曬的光影住宅

——空心磚計畫，家的皮膚再生術

文／李佳芳　圖片提供／楓川秀雅

街屋是台灣尋常的住宅風景，房子與街道直接交鋒，西曬、採光不足經常讓人困擾，而空心磚計畫透過建築皮層實驗，希望找到空間與街道的友好對策。

建築東向（背面）緊鄰防火巷，每層樓都有寬敞的後陽台，屋主可將舊家種的桂花、樟樹等移植過來，適合選半日照或耐陰植物立體綠化。

HOUSE DATA
所在地 台灣台南
住宅類型 五樓透天
居住者 診所＋住家（夫妻及女兒）
基地面積 113 平方米
建築面積 83 平方米
總樓板面積 330 平方米
空間配置 候診區、診間、準備室、客廳、廚房、臥室、書房
使用建材 側柏、鐵件、玻璃、清水混凝土、不鏽鋼、金屬片、空心磚
健康設備 天窗

住的大滿足
123

空心磚層與室內保留較深的陽台距離，可以避免街道行人目光侵入隱私，即使鄰街而住也能自在開窗。

環保再生

使用北美再生林側柏做為地板材。

私密防曬

空心磚外牆，兼具防西曬與隱私維護。

隔熱採光

屋頂卵石隔熱。天窗引光。

減省耗材

錯層樓板包覆屋樑，不需再做天花板。

從事牙醫工作的S小姐在南台灣成長、生活，取得牙醫執照後依然回到熟悉的土地開業。診所經營了十幾年，空間開始不敷使用，S小姐決定在生活慣了的熟悉街區，爲自己與顧客蓋一棟舒適隱密的住家兼診所。然而，選定的街屋型基地條件並不完美，還有些令人困擾的問題（基地狹長、面寬受限、坐東朝西，有嚴重西曬問題與室內採光不足），但藉由與建築師楊秀川、高雅楓談圖過程，歸納出符合使用機能的家／診所空間，並整頓出面對生活與工作的新態度。

緩衝氣候的兩個皮層

擠身並排的街屋不僅騎樓連通，甚至共用隔戶壁，人與人之間緊貼相息，鄰里關係溫熱，但也帶來不少住的困擾；即便有開窗條件，卻寧可常年緊閉，說明了建築與都市關係的不適與尷尬。因此，楊秀川爲建築了設計了兩道皮層，一是不規則的空心磚立面，一是陽台與室內的玻璃窗／門，形成有趣的都市界面。

由不規則空心磚堆砌的第一個皮層，拼圖般構成立面風景，將結構慢慢延伸變細，形成葉脈般的細長肌理，使外界的環境進到室內有一種滲透感，減弱了西曬的問題，也降低了風的直接衝擊。第二個皮層則利用可全開啓的落地玻璃門爲界，隨時將室內空間翻轉至室外。縱深一米五的陽台，下雨不致濺水入室，古時晴耕雨讀與天相息的生活情境，也能有所實現。

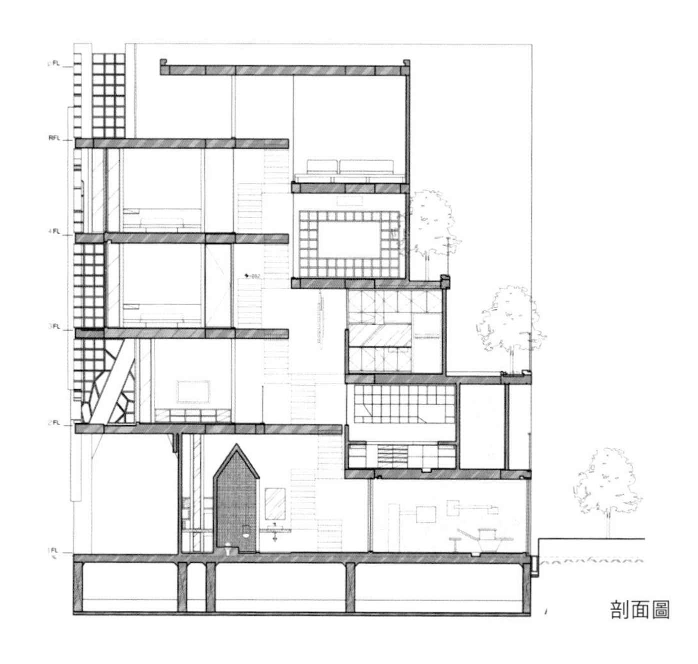

剖面圖

1 建築皮層使用三種空心磚與混凝土結構組成。
2 結構採板樑設計，將樑收到樓板裡面，板厚約三十公分，因此天花板沒有過樑，也不需要再加裝天花板修飾。
3 建築的兩個皮層，外為空心磚，內為玻璃介面。
4 梯階鋪面使用不塗裝的北美側柏，是產自再生林的環保素材。

1 從臥室可看到空心磚牆，透光又有隱私。

2 為了讓看診區不被干擾，客廁直接設在一樓候診區，蓋成空間裡的小房子，成為有意思的裝置。

光線與空氣流通的錯層

透過立面設計，街道與建築產生有趣的互動，卻又能不干擾彼此。從街道上看入，陽台空心磚重疊著光影，外部閱讀被切割碎化，保留了住宅的隱私性。爲了解決光線無法滲透到內部、空間與空間互動不易的問題，縱深近十七米的房子，平面中央使用玻璃、金屬條構成的梯間，加以前後採光、樓板錯層、天窗等手法，讓梯間垂直貫穿，形成空間的活動平台，讓光線與空氣能自由無礙地流通於每個樓層。

楓川秀雅的健康住宅觀點

健康住宅應是從建築物理的手段就應思考的事情，而非依賴過多的設備或特殊建材，例如空間、介面、開窗設計能讓室內溫度降低，就不需要隔熱玻璃；而室內室外的空氣能夠自由流通，也就不需要依賴空調循環空氣。

建築室內研究室

我們對設計沒有特定的風格，也沒有特定的概念，反倒是一種價值觀的選擇，這一種價值觀的判定影響空間各個層面，我們的設計價值觀常處於一種邊緣的狀態，一種試探，試探大家所認定的價值觀，不在於贊同或反對，而是在於正面或反面的凸顯這一觀點。

fchy.arch@gmail.com

04-2631-9215

1 客廳與陽台↑
客廳空間的玻璃介面可完全開啟，將室內空間推向室外，感受自然的天氣的變化。

2 室內透視景→
透過空心磚的格子，強烈光照被遮去大半，留下好光影。

POINT
1
健康家
check list

解決西曬與高溫，保留隱私性

建築的最外層使用預鑄空心磚，再加上深達一米五的陽台，即使開窗，斜曬日光也不至於進到生活空間，同時保有隱私性。此外建築整體為混凝土結構體，為了避免屋頂蓄熱，鋪面材料採用中空隔熱磚之外，並鋪上白色卵石，使縫隙可以製造空氣層，讓風吹過時帶走熱量。

1 有天窗的浴室↖↑
天花板上直透天際的天窗，讓光進來也讓空間更為挑高。

2 屋頂天窗←
連接浴室上方的屋頂，可看到天窗的設置。

POINT
2
健康家
check list

天窗引光，熱氣排放

臥室與浴室上方都安裝天窗，天窗提供日間採光，也可讓淋浴間自然乾燥，晴天時天窗可開啟，梯間形成風道，可降低室內溫度。

09 空間好舒適

用中醫概念打造一個家

——半山匯，東方思維的行氣好宅

文／李佳芳　圖片提供／和築開發

用節氣的力量調節室溫，最好自然的風輕輕吹來，身體有點微熱正好，毛細孔打開了，排汗也排毒了，好的建築具有癒病力，還能節省空調兼做減碳。

角窗旁的臥榻設計概念來自於發呆亭，是很重要的心靈角落。

HOUSE DATA

所在地 新北市淡水區
住宅類型 電梯華廈
土地面積 全社區近7000坪，分10區規劃
坪數 40～85坪
空間配置 客廳、餐廳、廚房、深陽台、主臥（含衛浴、更衣室）、小孩房、屋頂小屋、平台
使用建材 實木、玻璃、鐵件、鋼筋混凝土、木作

住的大滿足 123

利用深陽台創造出半戶外空間，即使住在大樓裡也能和自然親密接觸。

隔熱降溫

深遮陽半戶外空間。
深窗、雙層樓板。

引風循環

對角循氣開窗。
導風牆設計。

引光殺菌

東西向浴室。
陽光自然殺菌除濕。

自然共生

依獨棟住宅開口面向。
創造微氣候。

近來，主打恆濕恆溫智慧空調的房子不少，這些房子雖然住起來舒服，卻不見得眞的有助身體健康。經常聽聞長期待在冷房的人，被空調剝奪了身體緊急應變的能力，不堪溫度變化而併發種種疾病，成爲「空調症」的受害者。和築開發是一支很特別的設計團隊，他們認爲健康的住宅不應該爲了講求舒服而違反常理，他們從中醫、茶道的理論中尋找能夠平衡心靈與健康的住工法；而這套工法並非叫人要使用多昂貴配備或多厲害的技術；說穿了，就是順著身體蓋房子。

安頓身心靈的好房子

在開始規劃之前，設計團隊先在基地上架設小型氣象站，進行爲期一年的觀測，蒐集風向、溫度、濕氣與輻射熱等數據，再根據這些訊息再來思考建築的設計。房子的基地位在向陽坡，全日照充足，沒有一般山上的潮濕。白天有海上送來的溫和的海風，傍晚左右風向轉變，較冷的風會從山上下來。因此，爲了避免高海拔的冷空氣襲入，所以房子設計背山面水，並且設計導風牆如太極般引走尖銳的風，讓面海的前陽台得到庇護，能夠放心開窗。

簡裝修的空間內，客廳、餐廳、廚房、臥榻開放爲一大場域，深陽台採用大面落地玻璃拉門，成爲銜接人與自然的半戶外空間，而人無論走在哪個角落，都能一覽躺臥在眼前的寧靜風景。角窗旁的床榻是重要的設計之一。和築開發的總經理吳森基說：「這個空間的概念來自於發呆亭，它沒有特別定義使用方式，可以在這裡練瑜珈、打坐、看書、發呆或聚會；雖然只是多了一個設計，但生活卻多了許多可能。」

1 開闊的露台是將景色更往家拉近的重點之一。
2 客廳、餐廳、廚房、臥榻開放為一大場域，連續開窗面為室內引入良好採光。
3 餐廳以小吧台相隔，在這裡料理也能欣賞戶外風景。
4 通往屋頂Plate House的樓梯，利用梯間牆面設計收納書牆。

4

好房子不只安頓身體，更要能安頓情緒。從內梯走上屋頂，這裡是爲屋主特別設計的想像空間「Plate House」；這個在屋頂上的小房間，可以做爲茶室或私人祕密基地，不限定使用方式，讓屋主自行發揮使用創意。此外，Plate House向海的全立面，皆使用摺門，可以輕鬆將整個面打開，與外界露台毫無阻隔地相連，讓人感受周身被自然包圍的壯闊。這裡最漂亮的，還是冬季的觀音山夕照，以及夏季傍晚，太陽如蛋黃般沉入海面的光景。

預防醫學從住做起

在臥房內，大面窗外躺著觀音山，在窗子的角落特別設計一口推窗，這樣的設計爲房子製造「呼吸」的路線。從平面圖與立面圖觀察，可以發現房子的開窗大多位在對角，並且設定不同高度。吳森基說，房子不像人體，可以利用擴胸換氣，因此窗戶的設計、位置、開法關係著房子是否能夠換氣呼吸。「風像水流，它會走最短的路徑，如果門與窗同在一直線上，雖然風可以很快通過，卻沒辦法帶來對流。」因此，窗戶的設計要循著空氣熱對流、煙囪效應，才能讓進入室內的空氣周身循環，將角落的廢氣代謝出去。

設計開窗的另一個用意，是爲了鼓勵人們減少使用空調。和築認爲，流汗是一件很重要的事。人體是一個小宇宙，本身就蘊涵著春夏秋冬的節氣，夏天開洩，冬天閉藏，循著自然能量運行，藉由排汗除去體內不好的累積物，就是最好的預防醫學。

1 屋頂Plate House特別選用好推拉的摺門，可大面積打開，讓室內空間翻轉成戶外。
2 次臥室對角開窗，可以讓氣流循環之後再出去。
3 主臥室大面窗旁設計小推窗，可用來引入氣流。
4 關係親密的一家人共居，也可省略隔間設計。

頂樓平面圖

室內平面圖

和築開發的健康住宅觀點

我們尋找有通風能量和景觀的基地，從陽光、空氣、水、植栽、節氣等不同角度思考，利用通風採光等方法，設計出低污染、低耗能的好房子，幫助住在裡頭的人們與自然產生連結，獲得自然能量與健康的身心靈。

和築開發

和築開發　一家建設公司，我們對建築有特別的熱情，團隊以「自然的住，健康減碳」為信念，致力於打造好的住宅。

herzu.com.tw

POINT

1

健康家
check list

順著微氣候設計

基地內的每棟房子，因位置不同或鄰棟影響，周邊的微氣候也不盡然相同，因此大方向設計完成後，每棟房子細部的開口、雨遮等都針對個別建築進行調整，使每一棟房子長得不太一樣，像植物那樣自然。

1 獨棟建築的微氣候↑←
依房子的面向，在引風與採光上做細部調整。

POINT

健康家
check list

減少環境熱吸收

若是臨東西向的臥室或客廳空間，通風口可使用深遮陽、雨遮減緩陽光熱度。外牆使用淺色系，減少外牆吸收熱能，且屋頂以覆土、雙層樓板減少受熱。除了改善建築物本身的蓄熱，整個基地的鋪面也以多孔細材料（透水磚、花磚、木頭等），改善周遭的輻射熱。

1 屋頂雙層樓板隔熱←
屋頂做散熱鋪面，並且埋入鋼盆做為花圃，利用覆土植栽減低熱能吸收。

2 深窗設計↓
深窗設計可以避免陽光直趨室內。

3 深遮陽↑
擺上戶外家具，深陽台成了令人愉快的享受空間。

1 導風牆←
導風牆如太極般引走尖銳的風，增加前陽台的舒適度。

2對角窗↑←
不讓風直接進出，而是創造風的內循環環境。

建築的導風設計，對角窗的風循環概念

導風牆有兩種功用，一是將強烈不舒適的風引開，另一則是擋住平行的風，讓風向轉彎進入室內，創造建築的微環境，加上整個平面的開窗設計呈對角，可以讓氣流在空間周身循環，再排出去。

1東西向浴室→
浴室利用自然陽光殺菌消毒，保持乾燥；而屋簷設計深遮陽，避免過熱。

利用陽光為空間殺菌

太陽是很棒的殺菌機，如果願意讓一些紫外線進來，每天一兩個小時讓陽光曬一曬是很好的事。因此，房子將廚房、浴室、工作陽台、儲藏等空間設計在東西向，可以利用東西日曬殺菌，尤其能保持浴廁乾燥。

10 無添加建材

天然木素材，一週間完成自然居家

——度假去，女人的第二個窩

文字／劉繼珩　攝影／Yvonne

在城市裡，想要找到一方淨土，呼吸到在森林裡才有的宜人木頭香氣，難嗎？有了天然的木建材，享有這股舒暢就不難！利用系統式的施作，加上檜木與杉木爲主體的居家內裝，木格柵與柔光紙門引光通風，解決悶熱問題也不引塵堆積，此外，大片開窗將紅樹林引入，20坪的家，從內而外皆是天然。

不積塵、具風格的格柵運用在空間裡處處可見。

HOUSE DATA

所 在 地 新北市淡水區
住宅類型 大樓
居 住 者 女主人
室內坪數 20坪
空間配置 玄關、起居工作區、休憩區、廚房、主臥、主浴、客浴
使用建材 北美紅檜、北美玉杉、北美紅杉
健康設備 柔光紙門、無添加素材、通風設計

住的大滿足
123

採用散發天然香氣的木材為材質，每口呼吸都沁人脾肺。

無毒純淨

全室使用北美紅檜、北美玉杉、北美紅杉。

光線規劃

門片運用柔光紙門，達到引光、遮光雙重作用，明亮不刺眼。

通風防潮

透空木格柵，防潮通風不積塵，衣櫃門片好選擇。

自然引入

利用大片窗戶為框，引戶外河景入室，內外無限延伸。

一踏進這間房子，第一個感覺是:「好香啊！」女主人笑說可能是在這兒待得久了，早已習慣這股木香味，倒也不覺得特別，淡淡的一句話，卻讓聞膩了都市廢氣的人們好生羨慕。

香味是從哪兒來的呢？環顧四周就馬上得到答案。天花板的北美玉杉、地板上鋪的北美紅杉，還有北美紅檜裁砌而成的大木桌，就是撲鼻木香的製造者，再搭配上大片窗戶外的淡水河景及紅樹林，20坪的小屋可說是最具療癒效果的紓壓良方，溫柔地安撫了都市人的急躁，彷彿在說:「放慢一下腳步，多過一點健康的生活吧！」。

想要一個紓壓的專屬空間

在大學教授音樂的女主人，平時跟先生住在市區的透天厝，「我們的個性低調，也不喜歡呼朋引伴、太過熱鬧，這麼大的房子兩個人住，說眞的，是有點不符合生活需求。」加上女主人的工作需要花費很多腦力，每當很累、想泡澡、放空的時候，她就會想:「如果能有一個屬於自己的空間，裡面還有一間湯屋，那不就太好了？」於是買下了這間面河的小房子，並將原本三房的格局變更爲開放式，只留下一間主臥，使公共區域徹底擴大。

由於天花板上有大樑，因而高度只有2米2，顯得較爲低矮，但卻反而突顯了窗景，讓視覺焦點完全被整片景色佔據，而空間中的木作從窗邊平台、臥榻到電視牆，皆圍繞且低於窗台，不打擾女主人欣賞這幅有船、有河的自然山水畫，又備齊了一切該有的實用機能。

1

1 玄關以建商附設的磁磚與室內紅杉木地板作為區隔。
2 全開放式設計，被大面窗戶納進室內的淡水河景色，是貼近自然最快的方法。
3 在家具上選用天然木頭製作的桌椅，不但耐用也能營造自然風格。
4 利用玄關後方空間，成為充滿美感的神龕，同時也藉由直橫實木條拼接出展示區與置物櫃。

2

3

4

材質、施工、設計，一切純天然

厚實的天然原木，是這間度假屋大量使用的主要材質，不塗上阻斷木材呼吸的化學漆，以最原始的面貌示人，也和戶外景致相呼應；在裝修上，事先將所有木材依照尺寸切割好，直接到現場組裝，不但施工時間快、噪音干擾少，無粉塵的過程更健康，值得一提的是連藏在壁板後的角料，都採用醣分少、蟲蟻不愛吃的玉杉實木，內外都要兼顧，房子才能眞正住得健康、長久；收納功能的規劃，也照著建築體的原有條件設計，利用本身的凹陷處做爲櫃體，不另外多做其他櫃子佔用空間，當儲物機能與空間整合，櫃子便自然融入，一點都不顯突兀刻意了。

原本這個小房子只是打算偶爾度假用的second house，沒想到裝修好之後，來得次數越來越頻繁，也成爲朋友們三不五時就來探訪的聚集地，「這裡的風景好、空氣好、氣氛好，朋友一來就會久待，甚至連到外面吃飯都不願意呢！」看著女主人臉上的笑意，言談中提及本來不常來的先生，都越來越喜歡這裡了，就知道爲了更舒適、更健康的生活所投資的花費，都是值得的。

1門板皆以格狀拉門為主，除了使室內風格統一，也達到透光效果。
2在天花板與地面安裝軌道，日式的拉門從餐廳空間切換出獨立的休憩區。
3打掉實牆隔間，以透光的紙拉門界定區域性，兼具隱私和開闊性。
4利用櫃體、門片做為隔間量體與素材，俐落區格公私空間，以及衣物收納區。

平面圖

3

4

4

紅屋住宅的健康住宅觀點

住宅就像衣服，要合身、要耐穿，合身才會舒服，耐穿才會好維護，相對財務負擔也就少。住宅還要依照內外功能有別，而有不同取向，內如臥房，外如外觀，「內」可以純依自己的身心需求，「外」則需要禮節回應外人眼光，在這樣的思考觀點下，才能住得健康、住得平安。

紅屋住宅

從製作符合人體工學的辦公室家具起家，後來因大環境的變化，轉型設計製造居家家具，又有感於台灣住宅淪為建商的設計遊戲，而決定投入建築的領域，讓住宅回歸「住」的本質，找回人與人之間的人味，以及與自然間的親密關係。

www.famwood.com.tw

02-2662-3822

POINT

1

健康家
check list

天然木vs.天然漆，自然從裡到外

天、地、壁採用檜木、杉木原木素材，平時若有碰撞、刮痕，可先用細砂紙以同方向輕磨，再用乾棉布沾取適量天然漆擦拭，即能重現自然質感又防污，也毋須不斷更新、浪費資源。而主臥浴室天花板主要以抗腐性強、不易發霉的紅檜做為天花板材質。

1 散發香氣又不發霉的浴室↑
備有SPA功能的降板浴缸，配上絕佳河景視野，是屋主最喜歡的區域之一，邊泡澡一邊能聞到淡淡的檜木香。

2 實木家具↑
就連家具也採用原木與天然漆塗裝。

3 天然漆↑
無論是原木地板或家具，受損時可時用天然漆修復。

POINT

2

健康家
check list

四季可用，清爽排汗的透氣床

竹蓆具有排熱、排汗、透氣又易清潔的優點，表面採天然漆塗裝，可長期與肌膚接觸；夏天睡起來涼爽，能降低開冷氣的機率，溫度也不需要調得太低，可省下不少能源和電費，冬天只要上鋪被墊即可繼續使用。

1 竹纖床↑→
一張床墊兩種觸感，竹纖包覆的單面涼爽，軟墊面則溫暖好觸感。屋主頗具禪意的佈置，與竹纖床形成一幅寧靜的主臥風景。

1 柔光紙門←↑
可透光可遮光，將光照調整到舒適的程度。

POINT
3
健康家
check list

堅固又透光的拉門，切換空間機能

薄透的紙門經過特殊處理，材質硬度及韌性足夠，不用擔心容易損壞、需要經常更換，其主要特性在於透光，能將光線穿引至空間各角落，減少開燈的機會，相對就省能；相較於容易孳生細菌、塵蟎的布料窗簾，也更為健康。

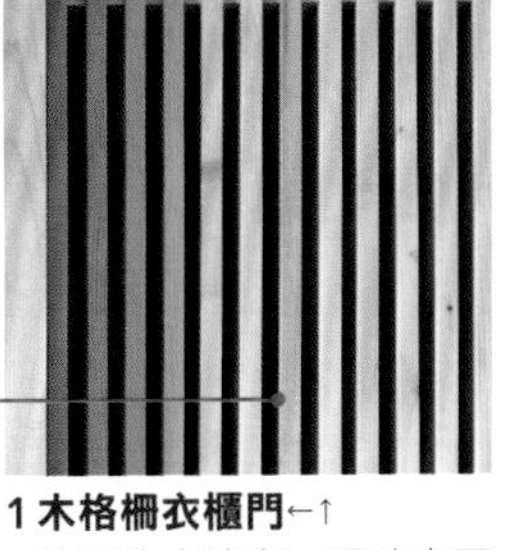

1 木格柵衣櫃門←↑
除了防止積塵，同時也可以讓衣物通風不悶味。

2 置物架→
善用靠牆角的畸零空間做為收納設計，直式木格置物架，搭配玻璃層板，好清理，可展示又與整體調性相符。

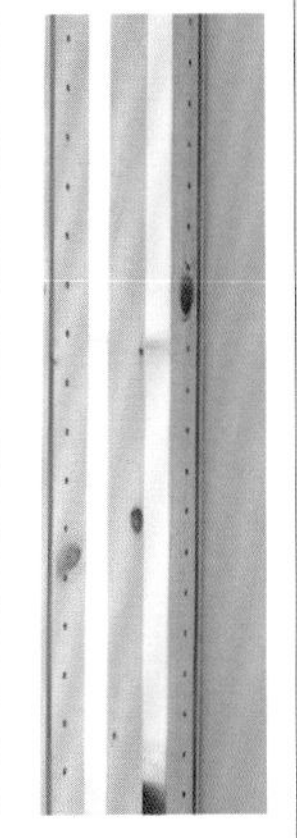

POINT
4
健康家
check list

不怕落塵的直向木格柵

格柵最常遇到的就是容易在木條上堆積灰塵，清潔起來很麻煩的問題，因此將格柵以直向設計、寬度加寬，不但能避開落塵、好擦拭清理，灰塵也不易跑進櫃內，少了容易引發過敏的源頭，空間常保乾淨，居住在內自然神清氣爽。

11 無添加住宅

LOHAS夫妻的綠能空間

——回收建材，水庫淤泥打造自在家

採訪／李寶怡　圖片提供／同心圓綠能室內設計

爲了能徹底實踐節能減碳生活，年輕又崇尚自然的夫妻兩人尋找同心圓綠能室內設計所徐薇涵設計師幫忙，將老房子改造成擁有良好雨水回收系統、使用環保建材、回收再利用設備的綠空間，將省能、省電、省水的想法落實在自己的家。

將外陽台地板延伸至室內成為架高地板，化身為窗台座椅。

HOUSE DATA

所 在 地 台北市
住宅類型 20年老舊大樓
居 住 者 夫婦2人
室內坪數 66坪(5F+6F)
空間配置 書房兼客廳、餐廳、廚房、主臥、客房、小孩房+屋頂花園+戶外觀景台
使用建材 抗菌木紋PE地板、南方松、OSB板(Oriented Strand Board)或稱定向粒片板、園藝陶粒石
健康設備 調濕除臭水庫淤泥料、太陽能熱水器、雨水污水循環系統、備長炭過濾設計櫥櫃

拆除廚房的隔間牆，將陽光及空氣、通風及對流引進室內，讓屋內保持明亮及涼爽感。

無毒清淨

水庫淤泥底材。
使用環保OSB板。
備長炭空氣淨化。

貼心設備

戶外觀景平台。
通風除臭櫃體設計。

通風採光

開放式設計。
採光及通風引入室內。

環境友好

舊廚具再利用。
雨水回收系統
全室植栽設計

「整個房子裝修完成後，我們家省電、省水又涼快，即便台北市高溫達攝氏36度，我們家每天下班回來卻涼到不用開冷氣，超級省的！再加上廢水及雨水的回收使用，讓我家的水費每個月都省三分之一以上。」在森林小學教書的男主人廖老師說。

去除廚房隔間，讓採光及通風進入至空間中段

這間位在南港兵工廠生態湖邊的20年老舊大樓頂樓住宅，景觀條件當然優越，除了坐擁185公頃的大自然公園外，還可以遠眺台北101，只可惜原本的屋況空間格局規劃不佳，採光與景觀最佳的區域竟然規劃了密閉式的廚房，使得原本充足的光線及通風完全進不到屋內，再加上頂樓的太陽照射，到了夏天簡直像個大悶鍋一般。

爲此，在決定翻修整個家時，設計師便從動線格局的改造開始。「我們把前後陽台跟室內的關係打開。」徐薇涵設計師說。保留前陽台與客廳的關係，並在底端規劃鞋櫃及外套的收納區，不多做門片，而以拉簾區隔。陽台地板則改爲南方松，讓客廳視野可以從這個前陽台延伸出去，與社區中庭產生互動。

其次則是拆掉廚房隔間，改變後陽台的出口，引進充足的光線，並讓客、餐廳、廚房連成一氣，讓格局更開放，空間更開闊，最重要的是連採光與通風也可以自然引進室內，讓房子白天毋須開燈；而良好的通風及對流更可減少冷氣使用的機率，達到節能減碳效果。

1 無隔間的設計，讓客廳、餐廳、書房與廚房相互融合，也讓採光與空氣得以自由流竄。
2 前陽台兼玄關的底端則為鞋櫃兼外套收納區。
3 餐房主牆面運用沒有多餘塗裝的OSB板採用深淺跳色，創造屋主心目中有著蒙德里安切割圖騰的「時光牆」。
4 利用增設的收納櫃兼坐椅，讓戶外陽台與室內空間連成一氣。

3

4

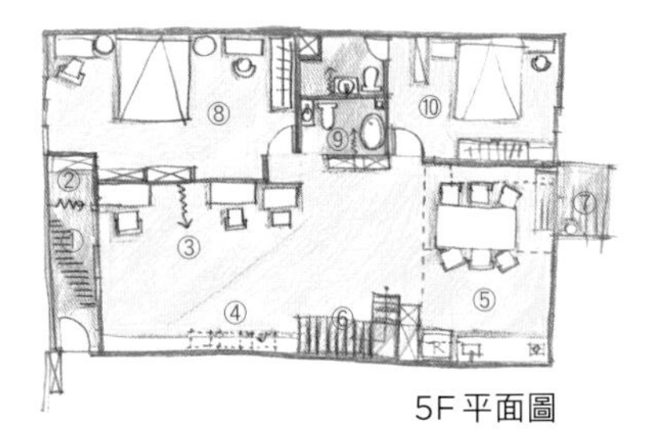

5F平面圖

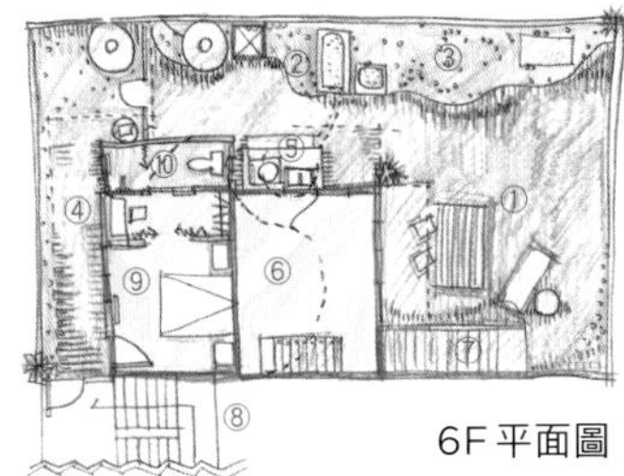

6F平面圖

7F平面圖

舊物利用，將環保概念融入設計最高點

思考屋主的預算有限，因此在設計的同時也跟屋主討論哪些該保留，哪些該去除，其中像原本通往二樓的原木樓梯，保留既有型式，只是將替換扶手格柵。而舊有的扶手，設計師並沒有丟棄，設計一座戶外餐桌擺放在樓上陽台花園裡。至於樓梯下方則利用階板高度，用木作延伸設計成開放式書牆，選用質感較爲厚實的層板，讓所有書籍都能安穩就定位。書牆下方僅訂製可通風的園藝格柵櫃，讓屋主的登山配備妥善收藏。其他部分都選用現成有輪子的收納抽屜櫃，不但節省裝修預算，還可依需要變化或充當會議時的椅子。

另外，爲讓餐廳通往後陽台的動線順暢，不但將廁所前的隔屏拆除，讓通道的光線引入，廚房廚具還作了180度的位移，舊廚具全都拆下來清理後繼續沿用，並利用系統櫃牆將家電做嵌入式收納，就完成了餐廚區的整體架構。

由於餐廚區爲開放空間，除了利用橫樑做界定，還藉著色塊錯落的環保建材Orient Stand Board板（簡稱「OSB」板）來做餐廳的主題牆，可隨意釘上照片和memo，並裝上時鐘，讓這面牆彷彿一面時光牆，記錄著生活的點點滴滴。此外，爲貫徹不過度裝修的樂活理念，保留天花上裸樑及拆牆痕跡，並大膽使用由成功大學研發的水庫淤泥建材塗抹牆面及天花板，以調節牆面溫溼度、及除臭功能，再搭配屋主所提供的備長炭過濾空氣，在無毒更自然的同時，淡綠色牆面也在無形中與原廚具色彩達成協調，突顯利用舊物價値。

5F ①前陽台②鞋／外套收納區③書房④書櫃牆⑤廚房／餐廳⑥室內梯⑦臥榻／露台⑧客房⑨客浴⑩主臥
6F ①戶外餐桌區（南方松地板）②浴缸生態池③陶粒石區④採光管道⑤洗衣區⑥起居室⑦室內梯⑧室外梯⑨臥室⑩浴室
7F ①太陽能熱水器區②室外梯

1 大量的採光，提供餐廚區明亮空間。
2 沒有多餘的裝飾，創造出天然與開闊的家。
3 一進門的大書櫃閱讀區取代原本的客廳設計。
4 延伸階梯的高度設計而成的開放式書牆，下方增設登山配備收納櫃及可移動的現成收納，讓空間使用更有彈性。

開闊的廊道，同時也可以是家人的活動空間。

非學不可的設計師綠能配方大揭密

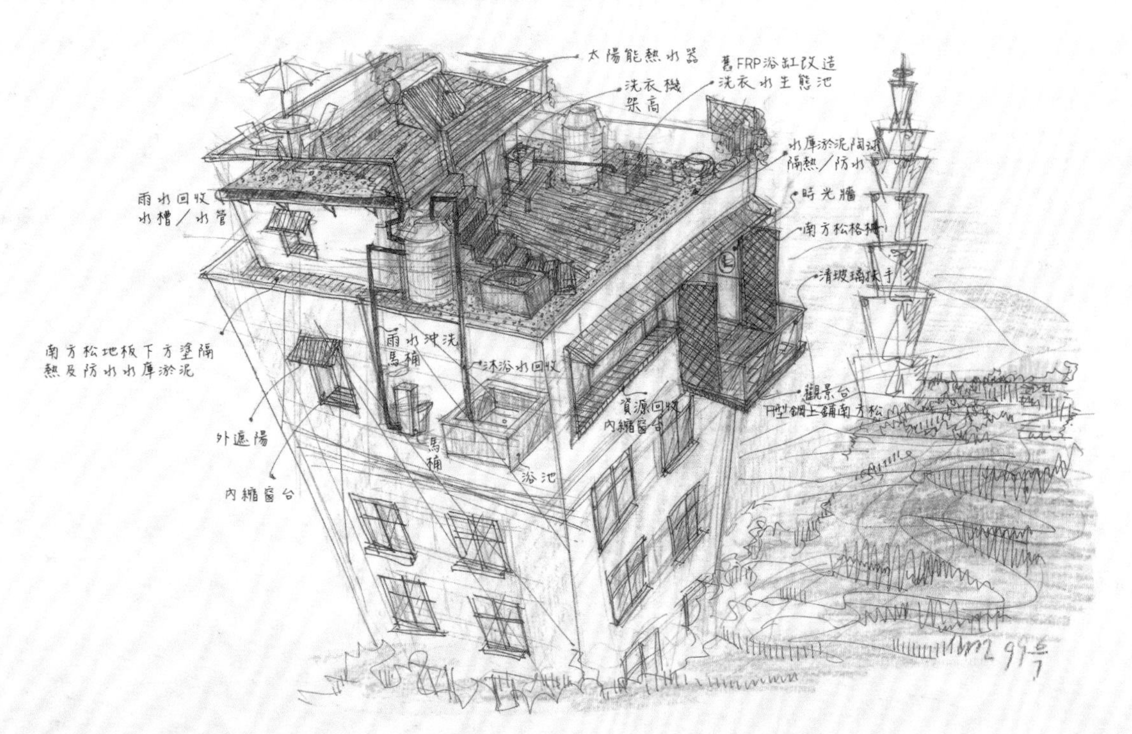

太陽能熱水器＋雨水回收系統，省水省電一級棒

而從餐廳及廚房望出去，則是面對景觀優美的天然湖泊，因此屋主希望可以擁有一個觀景陽台，天氣好的時候可以出外透透氣，欣賞自然風景。但是依舊有建築結構規劃的話，會讓戶外的地板高於室內，屬於傳統的風水禁忌，因此設計師利用南方松由室內架高一平台，從落地玻璃門下方延伸至室外陽台，連成一氣，讓這裡成爲室內與戶外的緩衝區，下方則以園藝用的格柵設計，並且在裡面放置備長炭，達到濾淨空氣的作用，讓這裡不僅成爲室內的觀景區、座位區，同時兼具改善空氣品質的機能。

在6樓還有一處應任職於主婦聯盟的女主人要求所設置的空中花園，裡面種植花花草草，體驗都市人自地自種的無毒農耕樂。而且爲了解決屋頂花園排水時，枯葉或泥土阻塞排水管問題，還運用了廢土製成的陶粒石取代鵝卵石，鋪設在南方松步道周圍，做雨水濾化功能。

當然最經典的綠能設計，是來自屋主想法，量身訂製的太陽能熱水器、廢水及雨水回收系統。前者利用頂樓屋頂設置太陽能熱水器集白天的熱能，以便至晚上洗澡時就有熱水使用，不必再用瓦斯或電加熱。同時，設計師還利用舊浴缸作爲生態池，架設在6樓陽台處，達到雨水回收、過濾的使用效果，以便運用在沖洗馬桶及澆花設備上，讓這個綠能空間符合LOHAS族夫妻對家的期望。

徐薇涵的健康住宅觀點

所謂的健康住宅，其實採光及通風很重要，同時屋主的生活習慣更是要考量。像這個案子的屋主因本身就具備節能減碳的常識，再加上自己身體力行，因此對於水庫淤泥、OSB板、簡易雨水回收系統及太陽能熱水器較能接受，也才能做到「節能省電宅」的設計。

同心圓綠能設計／徐薇涵

跳脫一對一的設計進行模式，透過團隊作業的方式，滿足客戶端多元的各種需求，並在設計之中結合綠能的設計法則，除了綠建材使用外，更從空間面向著手，達到大幅度的通風、引進採光的節能之效。

www.been-been.com

0926-345-957

廢水、雨水回收系統

因應屋主需求，設計師利用原本要丟棄的兩個舊浴缸作成生態池，收集、過濾雨水，這些雨水可以用來澆花，同時也規畫了獨一無二的廢水回收系統，讓浴室洗澡、洗衣機的用水都可以回收再利用，作為沖馬桶的水。

1 雙水塔vs.雨水收集池↑
乾淨的水與回收水分成兩個水塔供應居家用水。

2 舊浴缸生態池↓
進行雨水、洗衣水回收。

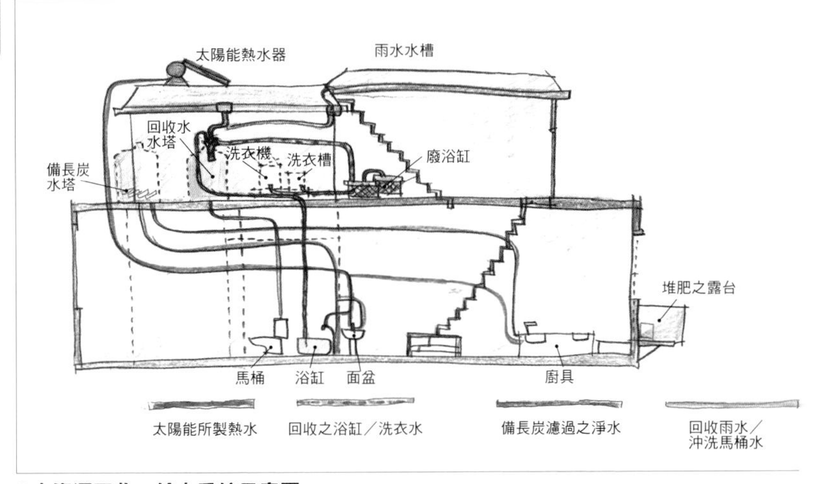

3 水資源回收、給水系統示意圖↑

1 太陽能熱水器↑
沐浴盥洗用水加熱能源替代。

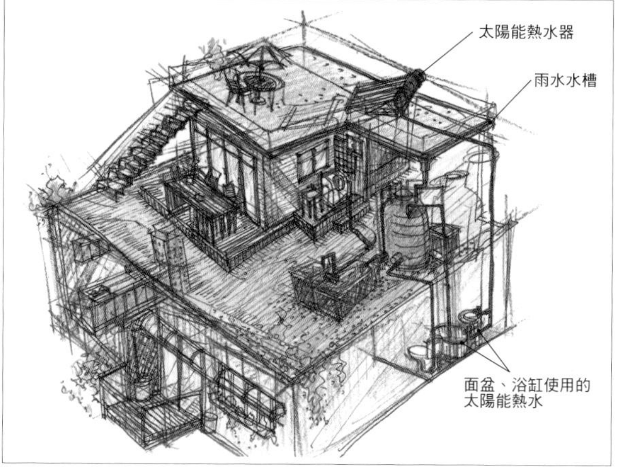

2 太陽能供水系統→

POINT
2
健康家
check list

太陽能熱水器，節省瓦斯及電費

安裝在頂樓的太陽能熱水器，用在洗澡時的熱水使用，提供了居家的部分能源。在裝設時需特別注意方位，真空管要離地角度為23度，以朝西南方向為主（面北迴歸線），如此一來才能收集到最充足的太陽光熱能。

1 陶粒石↑→

POINT
3
健康家
check list

運用陶粒石，過濾雨水防阻塞

傳統的花園景觀設計裡，鵝卵石便是拿來防止枯葉因雨水沖刷而阻塞排水孔的輔助建材設計，但由於涉及到自然開採問題，因此選用廢土窯燒的陶粒石來取代，一樣好用也環保。

POINT

4

健康家
check list

好素材，調節室內溫濕度、過濾空氣

利用「水庫淤泥改質技術」所製造出來的水庫淤泥當水泥底材，不但便宜，更講究天然及無毒，非常健康，全室使用MIT環保水庫淤泥牆面底材達到調節室內濕度以及除臭的效果。另外，將備長炭放置於特別設置的透氣櫃當中，讓整個家形成一個有機的天然空氣濾淨器，其本身也具有調節空間濕度的功能。

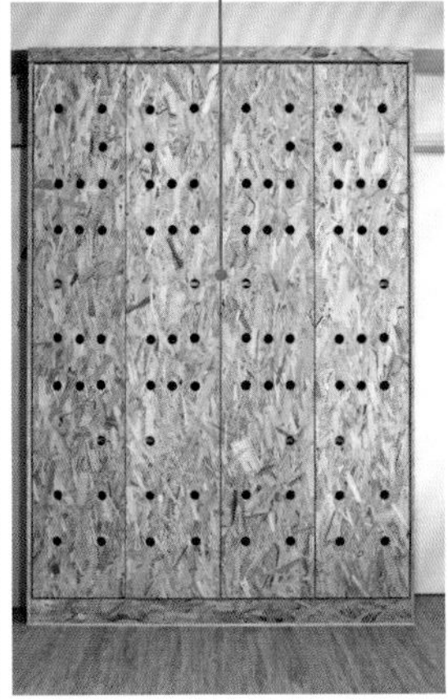

1 備長炭透氣櫃↑
具有透氣孔的櫃子裡頭可結合備長炭，自然而然濾淨空氣。

2 綠植栽↑
選擇適合的室內植栽，也可以讓室內空氣清新，並間接調節室內的溫、濕度。

3 國產水庫淤泥材←
淤泥其本身帶有天然礦物調色，像是綠色是填加氧化鍋，紅、黃、黑則是添加氧化鐵，減少塗料的問題，此外，也因毛細孔較大，可調節空氣中的潮溼水分子，牆壁不易產生壁癌或白華的問題。但塗抹時易產生鏝土的波浪感覺，須視個人接受度而定。

1 OSB板↑↗

強度與抗水性都相當良好的OSB板，較一般木芯板更經濟實惠而且環保。

POINT
5
健康家
check list

環保木料，建材新秀OSB板

「OSB板」全名稱為「Orient Stand Board」，或稱「定向粒片板」，之前常運用在商業空間裡，近幾年大量運用在室內設計上，其特色在於能有效利用人造林的原木資源，配合防水膠固製而成。

1木作樓梯(before)↓

原欄杆較為花俏，因此取下更換成圓柱型欄杆。

2木作樓梯(After)↑

保留原來的木作樓梯，木作扶手只更換欄杆，搭配簡單空間。

3戶外餐桌←

將原有樓梯的造型欄杆，回收拿來做為戶外餐桌的桌腳木料。

POINT
6
健康家
check list

舊物再利用vs.簡省素材運用

將原有的房子改造時，會產生的一些廢棄材料，重新加工與改造，成為新的家具或設備，如舊款式的樓梯格柵，拆卸後與新板材結合，就是頂樓的戶外桌。至於收納的需求，也不見得非得另做櫃體，透過拉簾取代門片，一樣好用。

12 無添加建材

100%無添加，既Man又娘的健康窩

——板材大作戰，深呼吸之家

文字／劉繼珩　攝影／ Yvonne

因爲家族從事傳統家具業，男主人對於板材與黏著劑的毒害程度，比一般人更了解，對於天然生活的渴望也更深刻。因爲孩子就學地點以及對環境講究，於是選定這棟從建造就考量到斷熱、防潮、空氣品質等健康概念的房子，裝修的過程中，也無所不用其極的和設計師共同尋找零毒害的板材、黏膠、塗料，過程中發現，很多都是台灣產出的好東西……

玄關地面以耐用、光影效果佳的金屬磚取代具有輻射線的大理石。

HOUSE DATA

所在地 新北市新店區
住宅類型 獨棟
居住者 夫妻、2個兒子
室內坪數 80坪
空間配置 戶外花園；(1F)客廳、餐廳、廚房；(2F)2兒童房、休閒起居區 (3F)主臥、更衣室、主浴；(B1)車庫
使用建材 健康纖維布料、耐候矽利康、環保水性塗料、健康竹炭漆、高級無氣味噴漆、特殊專利無毒板材、無毒環保黏著劑、LED燈、環保木地板、全熱交換器、頂樓隔溫層抽換風系統、太陽能庭院燈
健康設備 光環境、空調節能系統、空氣環境、水環境、風向與氣流的運用

住的大滿足
123

無毒純淨

零甲醛木作板材。
健康竹炭漆。
環保塗料。

降溫通風

頂樓中空隔溫層，加裝抽換風系統。
大面積開窗，引光與循環對流。

空氣品質

車庫電動門連動廢氣吸取設備，消除一氧化碳。

安全防摔

皮革樓梯踏板、
高密度特殊彈性泡棉，
止滑防碰撞。

1

2

3 4

1 以日系健康住宅為概念而建造，為了讓房子保持乾燥，建築體本身有阻濕的架高結構，屋頂和壁面也有斷熱設計。
2 利用布幔達到遮蔽效果，開冷氣時拉起，也可避免冷氣流失。
3 家中大開窗規畫，日照充足。
4 無味的室內窗簾採用經過SGS檢驗、除醛處理的國產品牌。家具與板材選用都以無毒環保為考量。

摩羯座的堅持度和行動力有多高？從這棟房子近乎100%無毒、環保的裝修材料和過程，就能完全得知！

屋主邱先生與邱太太因爲工作關係，經常吸取國內外與健康相關的研究數據與資料，也看到很多失去健康、生活難過的實例，因此深深了解健康的重要性，「在能力許可的範圍內，我們盡力去做對健康有益的事，也努力降低一切可能危害健康的風險。」就是這樣的想法，他們找到了擅長使用綠建材，且有綠建築背景的謝恩倉建築師及張永叡設計師，希望能建構一個住得長久、住得健康的有機無毒居家。

安全、健康、美觀，少一項都不行

小時候在鄉下長大的邱太太，並不喜歡大都市的擁擠，一直很希望能找到一個有綠樹、有新鮮空氣的居住環境，而身爲台北人的邱先生，最大的夢想就是能過著有田有地、自給自足的生活，但爲了孩子們，又不宜離城市太遠、交通不便，尋尋覓覓許久，看了2、3年才找到位於半山腰、風景優美的居所。

喜歡Hello Kitty的邱太太，很嚮往歐洲的生活，希望空間能帶有低調的華麗浪漫，又要保有屬於孩子的活潑童趣，同時還要融入大量的粉紅色，因此提出了三層樓要有不同風格的想法，當然，這些外在的美感，都必須建立在「健康、安全」的基礎上，於是建材和風格之間的衝擊、執行和理想之間的拉扯，成了謝恩倉和張永叡在設計上最大的挑戰。

問他們做這樣的案子累嗎？「設計需要不斷的刺激與反思，屋主的高標準對我們來說不是刁難，而是促使我們思考，如何能爲人們設計出更符合需求、品質更好、住得更健康的『家』的動力！」

爲了堅持初衷，找出隱藏版建材

回想起以前住在市區房子的片段，最令邱太太難忘的就是兩個孩子每天早上噴嚏不斷的過敏症狀，「當時的房子悶熱、潮濕又有壁癌，住在裡面都覺得自己生病了！」也就是這個原因，屋主倆更加堅持要換就要換一個住了會健康的房子。

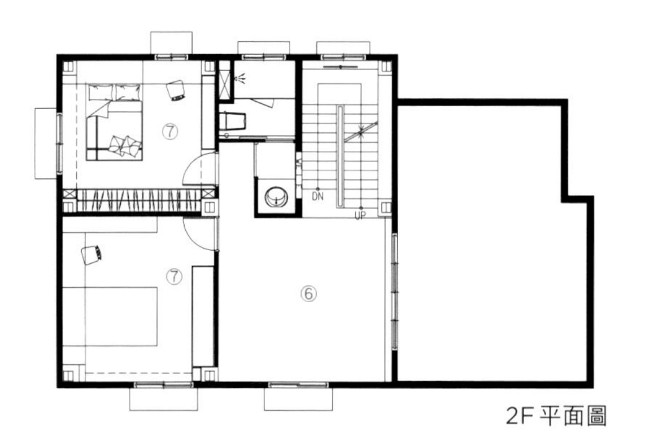

2F 平面圖

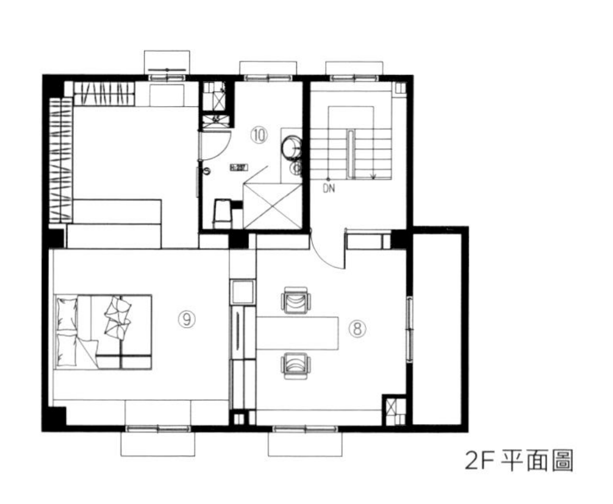

2F 平面圖

1F 平面圖

①玄關②客廳③餐廳④廚房⑤長輩房
⑥梯間大玄關⑦小孩房⑧
⑧起居室⑨主臥室⑩主臥浴室

1 梯間牆面做出框格效果，裡頭隱藏著電箱門片，日後還可以擺上孩子的畫作。
2 二樓浴室的色調和兒童房一樣講究明亮繽紛。
3 兒童房在環保塗料和無毒板材的搭配下，以跳色手法呈現繽紛氛圍。
4 牆面選用的是環保水性塗料，捨棄過多的裝飾，用色彩營造活潑感。

除了選擇建築體本身就有架高阻濕、隔溫層結構，並附有全熱交換系統設備的房子，在裝修上則要求使用零甲醛的板材、無味的塗料、無毒的布料，就連皮沙發的染料都必須是天然的！要找這些材料容易嗎？「爲了找這些眞正無毒健康的建材，設計師帶著我們跑遍各大建材展，我自己也上網找資料、問朋友，雖然過程很辛苦，也一度想放棄，但最後不但找到了，而且大多都是台灣製造的，能用MIT的建材完成理想中的家，就是最欣慰的成果！」

搬進這個100分的健康屋之後，空氣流通自然房子也不潮濕，孩子的過敏不藥而癒，邱太太也實現了住在歐式風情、粉紅娃娃屋裡的夢想。花了那麼多錢裝修，會不會心疼呢？邱先生微笑著說:「健康是錢買不到的，家人的健康才是我最大的財富！」在這棟房子裡，聞不到一絲刺鼻的化學藥劑，聞到的是夾帶著青草香的空氣，還有濃濃的幸福味。

2

1

3

1 從三樓小玄關開始到主臥，地板採用仿真度高、比木地板環保的木紋磚，更耐磨也好清理。
2 進入主臥前的起居室，滿足女主人的粉紅維多利亞公主風夢想，但就連線板的選用都大費周章，一定要是環保綠建材。
3 全室大量採用省能、耐用、低熱的LED燈，降低更換率也好維護。
4 從門片到浴櫃皆採用硬殼發泡板，是防水性強且無毒物氣體逸散的板材。

4

謝恩倉vs.張永叡設計師的健康住宅觀點

綠建材的種類很多，但也因為本身的性質，而造成使用上的侷限性，因此如何使用得當、搭配巧妙，就需要深入推敲、研究、考慮了，所以要打造一座健康住宅，光有綠建材並不夠，還需要「綠」規劃的思考邏輯，從健康、環保、省能、安全、適切、靈活、人性、耐久等八個原則著手進行，才是真正符合健康定義的好住宅。

謝恩倉建築師事務所＋花木男創意

謝恩倉為國立台灣大學生物環境系統工程碩士（綠建築組），曾榮獲2009華人住宅經典作品得獎（住宅類）。

張永叡畢業於國立聯合大學建築系，著有2006永續社區之建構-以苗栗市大同社區為例。

sean0823@gmail.com

jbre1028@gmail.com

POINT

1

健康家
check list

台灣製造的零甲醛板材

為了打造真正健康無毒的居家空間，屋主認為低甲醛還不夠，堅持要找到完全無甲醛的木作板材，於是與設計師找遍了建材廠商，最後找到了台灣製造的零甲醛板材，雖然價格是一般的3倍，但能給家人最好的居住品質，再貴也值得。

1 零甲醛木作電視櫃←↓

2 浴室門片、門框←
用於漁船裝修或車體底板的硬殼發泡板，回收後可再製於其他用途。

3 浴室天花板→
一樣採用具防水的健康無毒板材。全熱交換器隱藏在主浴上方，天花板採格狀設計，每一塊都能打開方便維修。

1 皮革樓梯←↑
踏起來軟軟的，完全顛覆走樓梯的經驗，即便不小心跌滑也較不易碰傷。

POINT

健康家
check list

用皮革取代大理石的樓梯

因此在容易發生跌倒危險的樓梯，使用了耐磨牛皮皮革包覆高密度特殊泡棉，不但提供柔軟的彈性保護，也禁得起長期使用，在保養維護上，只要用布擦拭即可，比起一般常見使用卻含有輻射線的大理石，來得更健康、安全、耐用。

1 衣櫃內漆←↑
衣物是最貼身的物件，也易沾染味道，櫃內的用漆得更加講究。

POINT

健康家
check list

櫃體內裝採用無臭竹炭漆

通常櫃體施作完成後，還會在內部貼皮美化，但需要使用到黏著劑，這樣就違反了屋主一直堅持的「健康」原則了，因此櫃體內選用無味的竹碳漆，塗上後不會散發出一般油漆的臭味，板材上呈現的手刷痕跡，更增添了自然的質感。

POINT
4
健康家
check list

可降低溫度的頂樓隔溫層

房子內部空氣其實是會吸收熱能的，所以建築本身在頂樓就規劃了中空的隔溫層，再加裝抽換風系統，將中空層的熱風抽除，當屋頂降低溫度後，頂樓溫度自然也隨之降低，開冷氣時不但較為省能，冷房效率也更好。

1 頂樓隔熱與換氣設備↑→
在看不見的樓頂上做足了隔熱設計，而各式設備如空調、監視系統、全熱式交換機控制面板都規劃在一起。

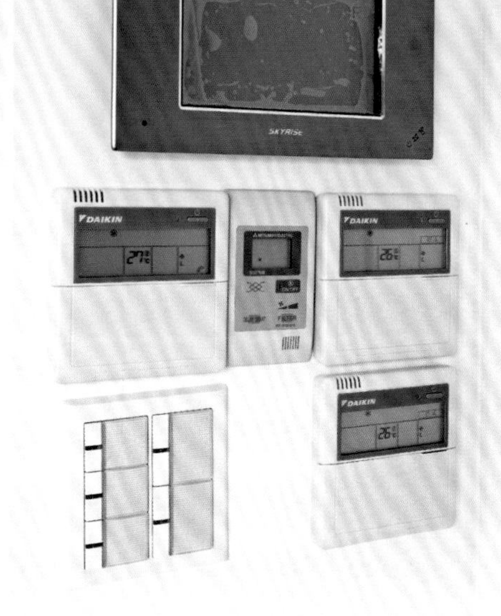

POINT
5
健康家
check list

空氣好品質，集塵、廢氣排除設備

中央集塵主機置放在車庫，是房子建造時就規劃進來的基本設備，車庫的電動門與空氣清淨設備採連動式設計，更是貼心，車庫門關閉後，會自動開啟廢氣排除設備，以免一氧化碳充斥整個空間。

1 車庫空氣清淨機↑→
當清淨機將廢氣吸乾淨後，會自動關閉燈光，屋主只要啟動關車庫門，就可以直接上樓。

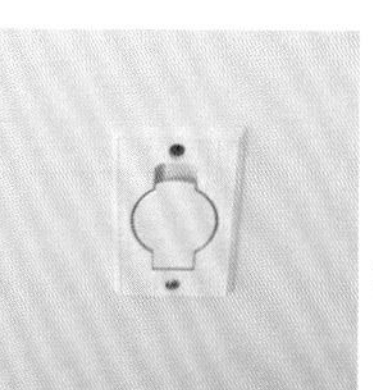

2 中央集塵←
中央集塵用以處理各樓層的粉塵問題。

POINT

6

健康家
check list

健康好器材，太陽能庭院燈vs.超音波驅鼠器

不一定非得花大錢才能享受健康屋，屋主在量販店找到一些好物，像是可以讓老鼠蟑螂敬而遠之的高頻音波器，或是在Costco的太陽能庭院燈，只要將燈直接插進土壤裡就能使用，安裝非常簡單。規劃於動線兩旁的燈組，白天吸收陽光，夜晚即自動啟動點亮。

1 太陽能庭院燈↑
它的太陽能吸收率佳，就算是陰天，到了傍晚燈也依然會亮，達到照明作用且一點都不耗能。

2 超音波驅鼠器→
機器會發出人類聽不見的高頻的音波，讓老鼠、蟑螂受到干擾。

Chapter

3

家的健康體質再升級

健康家設備vs.建材12款

1 空氣與水質

全熱式交換+窗型換氣機

中央集塵器

全戶淨水系統

2 噪音防止

隔音墊、隔音片

節能健康窗

3 暖房效果

地暖系統

柴火式暖爐、壁爐

4 健康與安全

樓梯升降梯

推門式浴缸、軟質浴缸、養護浴座

軟木地板、軟木牆板

壁面塗料

01 空氣與水質設備

全熱式交換機 窗型換氣機

提升居家空氣品質，不會缺氧腦昏昏

待冷氣房太久了，有時會想睡覺、胸悶，甚至很容易感冒？
這很有可能是因爲空氣中過多的CO2所引發的呼吸道缺氧而導致身體不適，
因此建議若你家必須超過4~8小時開冷氣，最好還是運用全熱式交換機與空調搭配；
或是你家必須時常閉窗，也可以運用窗型換氣機，讓室內充滿良好的空氣品質。

夏天愈來愈熱、冬天愈來愈冷，再加上室外車多吵雜、空氣品質髒、灰塵容易引入室內……等等因素，使得愈來愈多人選擇關閉門窗來生活。但是常常待不到2小時，就會感覺有頭暈、呼吸不順等狀況發生，即便開了冷暖機，才好一下下，過不久，身體不適的情況又會發生。「這是因爲室內空間不流通，使得CO2濃度過高所引起的。」雅浩綠能科技總經理王萬煒表示。

市面上換氣機有很多種類，有日本、加拿大進口、台灣製與大陸製等，但依機體架構分爲有風管及無風管的裝置，有風管的是指「全熱交換系統」，無風管的則是指「窗型進／換氣機」。

髒空氣出去，新鮮空氣進來的全熱交換系統

所謂的全熱交換系統，主要是搭配空調使用來進行密閉空間換氣，運用能源交換原理，在室內使用過的汙濁空氣排出去之前，將室外引入的新鮮空氣進行溫度與濕度的交換。而市場上稱爲全熱換氣機、節能式換氣通風系統或熱交換式換氣系統等，其核心的運作原理及功用都一樣。

安裝地點多位在客廳及密閉式房間的天花板上方，利用風管將外面新鮮空氣送至指定空間，再利用空氣流動將使用過的髒空氣帶回全熱換氣機的室內吸風口吸回，經另一風管排出。而且爲了避免排出的髒空間會被再吸回的可能，因此室外的進出風口之間最少要距離1米以上；而室內出風口會設在人多的場域，如客廳，吸風口則會設計在人少但味道重的地方，如廚房或餐廳、陽台等。近年來，更因環保意識抬頭，因此全熱式交換機本身也設計過濾系統，並添附加功能像是光觸媒、負離子等，讓進來的空氣乾淨新鮮外，排出去的空間也不至於太過混濁。

文／李寶怡　圖片提供／生原家電04-2522-2186、雅浩綠能02-2504-0303、信冠實業02-2712-0868、台灣三菱電機 02-2835-3030

全熱式交換機可以單獨使用或與空調一起使用，以保持密閉空間的空氣品質新鮮舒適。（圖片／生原家電）

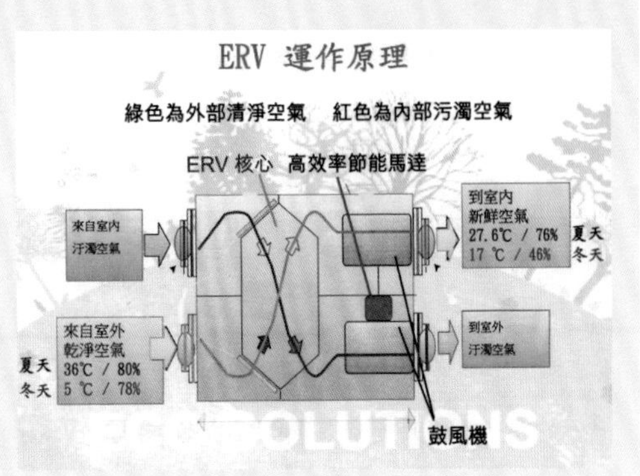

全熱式交換機的主機運作原理圖。（圖片／雅浩綠能）

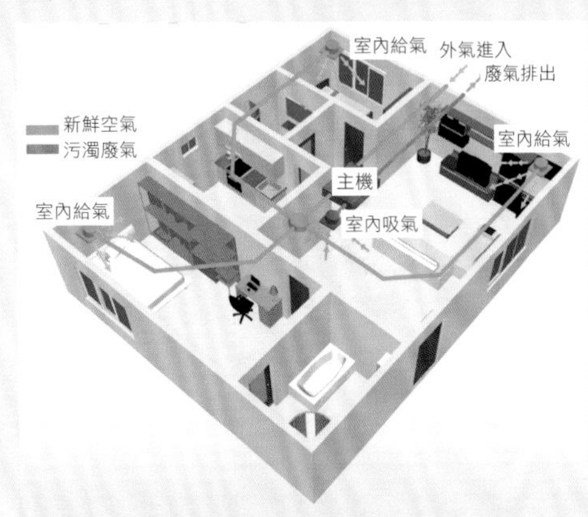

有風管的全熱交換機之住宅空間配置圖。（圖片／生原家電）

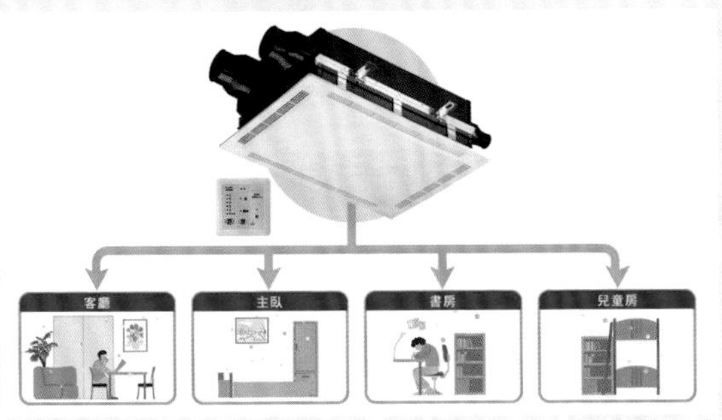

可與天花板設計結合的外露式全熱交換機，出風口已做在底部外露處。（圖片／信冠實業）

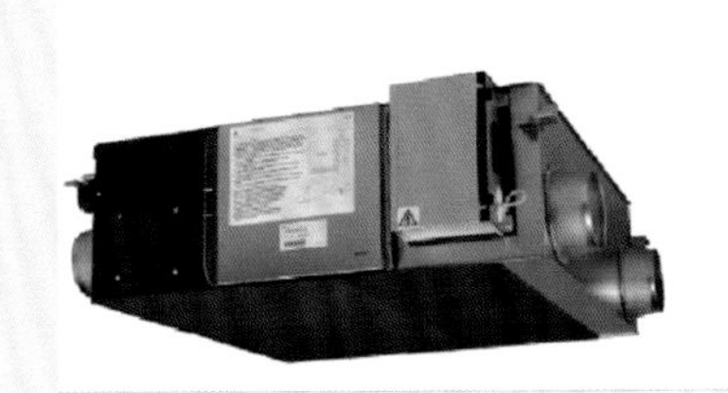

主機的馬力及噸數愈大則風力愈強，相對運作的噪音及耗電量也會比較大，因此在選擇時必須仔細考量。（圖片／台灣三菱電機）

選購全熱式交換機注意事項

1 針對居家空間坪數及人數決定機種：全熱式交換機的功能在於風力夠不夠，因此在挑選時，要詳細計算居家空間及人數推算換氣量，再對應機種就可以了。
2 省電安靜挑DC馬達產品：為了達到健康換氣與省錢兩項目的，建議您選擇採用單一DC馬達的換氣機，不僅省電而且安靜，若能有全熱交換功能，還可以進一步同時降低冷暖空調費用！
3 若與空調一起安裝，可考量整合送風口：全熱交換器的送風口可以跟吊隱式冷氣的送風口整合在一起，也省管路費。
4 留意濾網耗材的取得及費用：由於要更換濾網，所以在選購時要詢問廠商。

在空調全開的情況下，能平衡室內外溫差

就溫度交換來說，夏天室內開冷氣空調，使用過的汙濁空氣溫度爲26度，室外空氣則是33度，這時候全熱換氣機就會利用即將排出的汙濁空氣將室外空氣降溫到約28度，在室外新鮮空氣降溫後再送入室內，冬天則是相反運作。而且透過特殊的全熱交換引擎，還可以將60%以上的冷氣保留在室內，徹底解決因換氣造成的冷氣流失問題。以開24小時運作的耗電量來計算，設定低速風量模式，則每小時消耗0.1度電，一整天下來爲2.4度電。電費一個月花不到$100元。

不過，阿拉斯加企劃部專員柯義豐強調，其實全熱式交換系統所謂的隱藏式及外露式，不管哪種，其施工時樓板與天花板之間必須達40公分方可施作。至於如何選購，與空調很像，可一對一，也可一對多，必須視消費者的居住需求、空間裡的平均換氣次數及使用坪數大小，才能決定要哪個機種配合。價格上，若以小家庭爲單位，5～6人用的機型單機約3萬元左右，配置管線、施工費用約2～3萬元，在改裝天花板時，將安裝工程納入最省錢。

另外台灣三菱電機空調行銷企劃部呂尙穎也表示，跟空調一樣，全熱式交換機也要定期清洗及更換濾網，最好每一個月清洗一次過濾網，濾網清洗五至六次後，大約半年至1年，一定要換購新濾網，如此才能確保風力維持正常且機器也不容易故障。

運用正壓吸進外面空氣，
維持室內含氧量的進／換氣機

至於專爲窗型設計的「進／換氣機」，較適合小坪數的居家，主要是將外面的空氣以正負壓的方式吸入或排出室內。而且廠商爲確保吸入的空氣品質新鮮無臭味，因此在機器內部會裝設好幾道過濾裝置，如前置活性碳濾網、高效百摺式濾網、殺菌燈等等，讓室內持續換氣，減少二氧化碳及廢氣的堆積。多半是依附在氣密隔音窗一起安裝，有直式及橫式可供消費者視窗戶情況來選擇。

不過這種窗型進1換氣機因沒有平衡室內外溫差的功能，因此無法取代全熱式交換機來使用，且僅適用於單一空間。在價格方面，大約1.2～2萬元之間，含基本安裝費用，若家中窗戶拆卸便利，也可自行組裝，但要安裝在能吸入新鮮空氣且無油煙的位置。

選購及安裝窗型換氣機時注意事項

1. 注意窗戶尺寸是否能安裝：無論是直式或橫式的窗型換氣機，其窗戶尺寸及種類都會影響安裝，因此最好先與廠商問清楚並詳細丈量。
2. 機體與窗的密合度要確實：機體周圍鋁合金套件的防水條安裝及切割材料時需注意密合度，以免下雨漏水問題產生。
3. 安裝環境不可有油煙：安裝窗型換氣機的環境最好在能維持在0～40度左右的環境，濕度在85%以下，並無油煙場所。
4. 防盜連桿與密封泡棉確實安裝：密封泡棉需黏貼於窗框2側，同時防盜連桿應確實安裝。

Q&A

Q 無論是全熱式交換機或是窗型換氣機，當機械在運轉時，會不會很吵？

A 機械運轉時必然會產生噪音，就像打開電風扇也會有運轉噪音，但聲音都在20～30dB以下，不仔細聽根本聽不到。若擔心的話，建議在購買時除了參考說明書以外，最好能有現場實機運轉體驗，才能安心選購。另外，就是在施工時要請施工單位在風管包覆隔音墊，也可有效隔絕噪音產生。

Q 全熱式交換機能取代冷氣機跟空氣清靜機嗎？

A 不行，因彼此的功能不一樣。全熱式交換機主要功能在於換氣與全熱交換省能，冷氣機主要功能為降低室內溫度，所以兩者可以搭配使用，提供室內舒適溫度與健康空氣，並且達到省能節費之目的。至於空氣清淨機在於可以過濾或分解部分空氣中汙染物，建議與冷氣空調和全熱式交換機一起搭配，有助於室內空氣品質再提升，也有益全家人的健康。

Q 全熱式交換機及窗型進氣機要怎麼保養呢？

A 其實跟冷氣空調類似，其內部均有濾網必須定期清潔保養。請先切斷電源開關後，從面板底下抽出過濾網，利用吸塵器稍加清理，若灰塵汙垢過重，請於溫水內加入中性洗劑浸泡，再輕輕地沖洗，並以清水確實洗淨濾網上的洗劑，切勿用力刮刷或在陽光下晾曬濾網，以免變形或降低功能。若每天都開機使用，最好每個月就要清洗一次，約半年就要更換濾網，以保持機械運作正常，風力不打折。

可安裝在鋁窗或氣密窗上的窗型進風機。（圖片／生原家電）

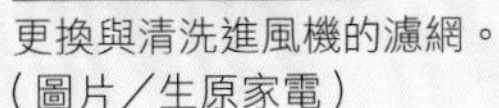

更換與清洗進風機的濾網。（圖片／生原家電）

設備小檔案

產品名	主要功能	特色	價格帶
全熱式交換機	排出室內廢氣，引進戶外新鮮空氣，維持空間裡空氣品質。	有風管、安裝在天花板上方，具有平衡室內溫差效果。	依照風量的不同，在價位上也有所區隔，從3.6萬至10萬元不等，若以5～6人用的機型單機，約3萬元左右，配置管線、施工費用約2～3萬元。
窗型換氣機	針對小坪數或單窗的獨立空間，進行換氣的功能。	無風管、直接安裝在對外窗上。	大約1.2～2萬元之間，含基本安裝費用。

中央集塵系統｜徹底除塵蟎害，操作安靜無噪音

有操作過吸塵器的人在使用幾分鐘就會聞到一股不舒服的「氣味」，
這是因爲空氣中的細菌、黴菌、花粉和其他在空氣中傳播的微粒等，
無法被吸塵器的濾網過濾而排至空氣中所造成的。
再加上受限電線長度，吸塵器必須提起搬動或移來移去，
容易造成地板的損傷，相較之下中央集塵系統較無此問題！

其實中央集塵系統早已是歐美地區獨棟房屋的基本配備，因爲不必搬動主機，只要管子一插即可使用，十分方便。而且廠商研發許多不同功能的毛刷及吸頭，如專吸寢具、彈簧床墊、窗簾、窗戶網子、地板及沙發，甚至天花板的溝槽，都可以透過中央集塵系統來清潔，再加上主機在室外，因此在室內啓動吸塵功能時，聽不到任何機器運作的吵雜聲音，很受家庭主婦們的喜愛，近來，由於主機價格約2～4萬元左右，再加配管的安裝，大約5～6萬搞定，得到不少專蓋透天厝的建商們喜愛，而成爲相當熱門的附送建材配備之一。

強大吸力讓居家空氣中的塵蟎無所遁形被吸走

市面上常聽的中央集／吸塵器，或是隱藏式吸塵器、中央系統病原塵清淨器、空氣淨化集塵器等等眾多品名，其實指的都是以集塵主機、PVC管路、接管開口、吸塵軟管、以及不同功能的吸塵配件頭所組成的「中央集塵系統」。

中央集塵的運作原理，主要是將主機安裝在室外陽台，管路隱藏在室內牆壁，並在每個房間裝設接管開口。使用時只要將軟管接在房間的壁上隱藏式吸孔，吸塵功能立刻開啓，透過強力吸氣將灰塵，甚至於塵蟎、微生菌吸走。代理加拿大Duo Vac品牌的吉瑞泰經理周海瑞及代理美國BEAM的瑞銘業務經理蔣瑞珍表示，其產品均可過濾達0.1微米，濾淨達97～99%以上，可完全隔離空氣中的過敏原及細菌病毒。

當所有的灰塵被吸進主機後，經由其核心過濾系統及特殊材質的過濾袋進行過濾，其中分子較大的雜物或灰塵會留在主機的集塵桶中，而分子較細的塵蟎、細菌在經由特殊材質的過濾袋及系統過濾分化後，直接排出室外，不會造成室內空氣污染。而特殊的過濾系統設計，也使得過濾袋可永久水洗重覆使用，沒有耗材問題。但若想要將主機安裝在室內，還是建議選擇室內機種比較適合。

文／李寶怡　圖片提供／瑞銘02-8792-8278、吉瑞泰企業04-2527-4146

Q&A

Q 在購買中央集塵系統的價格裡，除主機外還含有哪些配備呢？

A 就像買冷氣空調一樣，有個基本的配管長度，超過了就要依長度另外計價。而目前市面上廠商的報價，除了主機外，通常還會有一組9米長的軟管，方便在室內接管使用，同時還有像軟管掛架、掃頭固定架、地板及地毯兩用掃頭、圓型掃頭、馬毛掃地吸頭、1米伸縮吸管、牆角細縫斜吸管等等，但詳細配備還是要洽廠商。

央集塵系統的主機安裝時最好距離地面約120公分以上，以方便日後清理。（圖片／瑞銘）

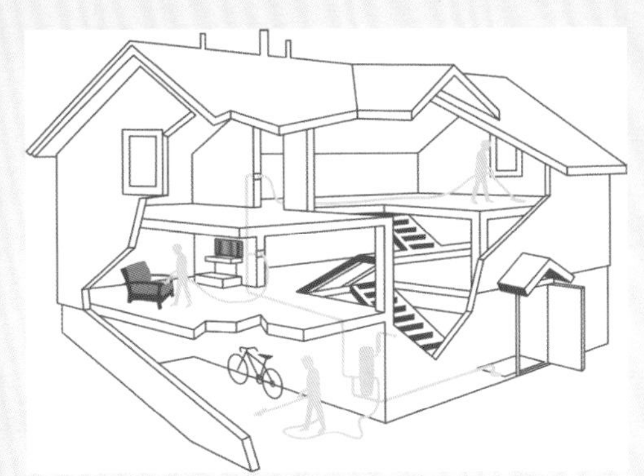

中央集塵系統的主機位置及在室內的配管及使用方式示意圖。（圖片／瑞銘）

針對不同的坪數大小，其主機的馬力也不同，機種也不同，要選擇適當的，才不會發生吸力不足或浪費的情況發生。（圖片／吉瑞泰）

中央集塵系統施工注意事項

1 建議主機安裝在室外：因要排氣及主機運轉的聲音，建議還是裝在室外通風良好處，且請勿淋雨。
2 主機要離地約120公分以上：由於集塵桶必須往下脫離傾倒，因此方便日後清理最好離地約120公分以上，且高掛反而可以增加空間利用。
3 PVC管路不可直接做90度彎頭：因為彎角過大，灰塵容易被卡住，所以要用兩個 45度彎角的PVC管路串連轉彎。且彎頭請用塑膠接著劑密封接妥。
4 請用三孔接地型插座：一來確保用電安全，且施作前更應與廠商確認該機種的電壓是110V或是220V。

設備小檔案

產品名	主要功能	特色	價格帶
中央集塵系統	透過強大吸力將房屋內的髒東西及塵蟎、細菌全部清乾淨。	操作輕巧方便、超靜音、吸力強勁穩定、室內無二次空氣及塵灰污染。	依適用坪數選擇相符合的吸力功率馬達主機，從2～4萬元不等，並附9米軟管及吸頭零件。但PVC管線配置（含施工）約500元／尺）。

03 空氣與水質設備

全戶淨水系統 水龍頭送出來的每一滴水都是淨水

老舊的配水管路、自來水廠的加氯處理，加上台灣平均漏水率22%，
往往在輸水管路與維修管路時，水被污染了。
全戶淨水系統利用在水塔端設下淨水處理，確保每一位家人接觸到的每一滴用水都健康純淨。

送抵家家戶戶的自來水，摻雜著雜質、餘氯，以及各式各樣的污染來源，家用的水充滿種種不確定因素，影響人體健康，尤其是抵抗力弱的嬰幼兒、年長者，怎麼進行全面淨水處理，爲全家人的健康把關呢？

全戶淨水，從水塔端開始進行

探討居家用水問題，回歸到家用給水的源頭篩檢，從自來水進入居家的第一關就開始淨化。全戶除氯淨水設備的設計概念，就是在自來水塔端設下第一道淨水線，透過PP粗濾、高壓活性碳等過濾處理，一層層去除水中的泥沙、雜質、異味、農藥，以及重金屬、化學污染物，同時減低水管中90%以上的餘氯，保留水管中的微氯達到抑制細菌增長的目的。

由於裝置地點是在水塔端，安裝時是否加裝加壓馬達，須檢視原管路的水壓是否足夠，安裝設備前確認水壓的動作千萬不可省，如果水壓不足的話，必須採購加壓馬達，來穩定水壓。

濾除水中污染物，喝的、用的都安心

在居家的自來水源頭進行完整的淨水處理；相對地，在室內端，從水龍頭流出的每一滴水都是淨水，洗滌蔬果更安心，家人在泡澡、洗手時，等同於使用純淨的礦泉水，改善因水中污染物引起的皮膚搔癢、呼吸道過敏等疾病。同時，避免居家的設備管路遭受污染，堆積雜質，有助於延長飲水設備濾心的使用壽命，刺鼻的消毒水味道不殘留，若家裡有養魚，也不用添加海波除氯，種植花草更加茂盛。

選購前，應與家人溝通全家人的用水需求，是希望提高方便性，一打開水龍頭就能生飲水？還是對口感有特別的喜好？希望家人不論是飲用、洗澡、洗滌等用水都是純淨的水？預先做好家庭用水評估，確保家人用水健康。

文／魏賓千　圖片提供／美商3M台灣子公司0800-212-171、台灣愛惠浦公司02-2917-0738

Q&A

Q 什麼時候該更換濾心呢？

A 一般建議是每用水380公頓，視實際水質狀況與用水情況，約為每9～12月的時間做濾心更換。不過，如果家人有泡澡習慣，用水量相對提高，或因颱風、自來水管路更換，造成原水濁度提升，可能每半年便須替換濾心。另外，如果發現家中水龍頭的水出不來，有可能是因為淨水系統的濾心將大量污染物攔阻而堵塞，最好確認是否已經到了更換濾心的時間。

Q 使用全戶淨水系統需要配電嗎？

A 全戶式淨水系統主體，無須配置電路，是屬於零電費負擔的設備，使用時相當安全。基本的產品保固為一年，如零件壞掉，出現漏水情形、爆管現象等，都屬於保固範圍內，但濾心部分不在保固項目內。若因水壓不足需安裝加壓馬達，則需另外配電。

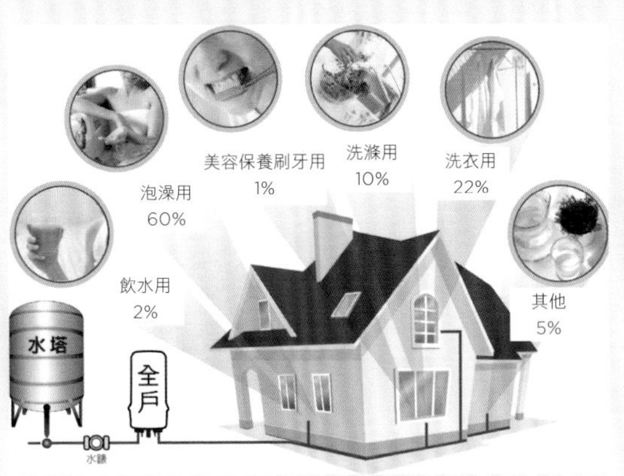

全戶除氯淨水設備的設計概念，就是在自來水塔端設下第一道淨水線。(圖片／台灣愛惠浦公司)

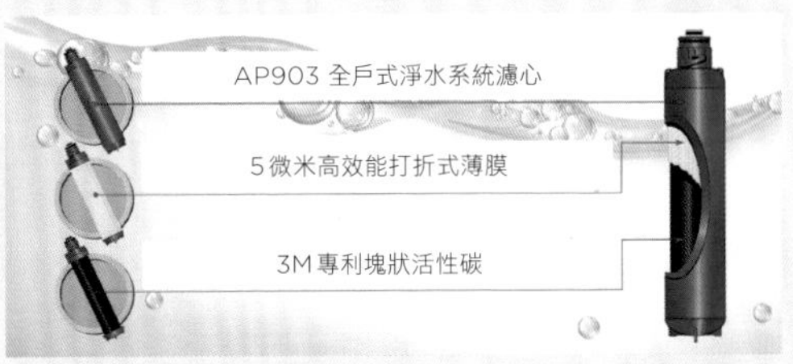

全戶淨水系統的過濾層結構分析。(圖片／美商3M台灣子公司)

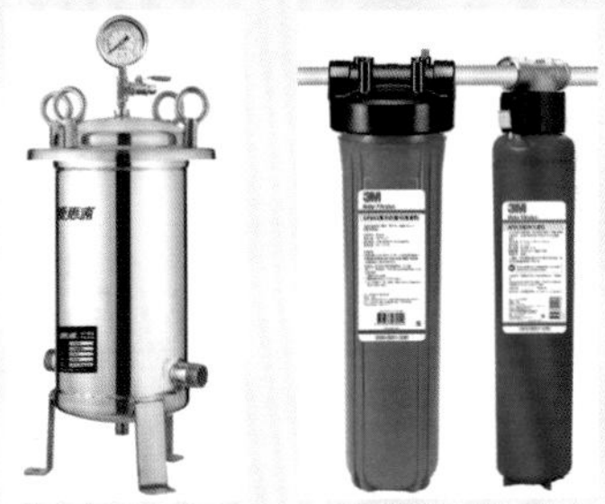

全戶式淨水濾心、專用前置保護濾心，有效濾除水中餘氯、泥沙、鐵鏽等污染源。(圖片／美商3M台灣子公司)

使用全戶淨水系統，採一機一戶，可安裝於不同類型建物。(圖片／台灣愛惠浦公司)

設備注意事項

1 淨水系統一般是裝置在戶外的頂樓，這是因為考慮到更換濾心時，會有水流出，因此建議在排水性很好的地方裝置。
2 安裝方式概分成兩種，基本安裝指的是房子配管為PVC材質，且管線長度在2米內，至於房子配管若是採不鏽鋼管，管子超過2米的距離，都屬於特殊安裝方式，須視情況酌收費用。
3 若家中裝置全戶淨水設備，清洗水塔時，一定要先關閉淨水設備的轉向閥裝置(BY PASS)，讓汙水轉道，經由別的開口流出。

設備小檔案

產品名	主要功能	特色	價格帶
全戶淨水系統	有效去除水中雜質、污染物及細菌，保障飲、用水的品質，包括洗滌、泡澡、沖澡等用水，確保人體接觸到的每一滴水都經過淨化處理。	無須配置電路，零電費負擔。	2萬元起／機 (含標準施工)

04 噪音防止建材

隔音墊、隔音片｜把樓上隔壁的噪音擋出去

半夜老是被樓上的馬桶沖水或走路拖椅子的噪音吵醒？
還有三不五時的隔壁夫妻吵架或孩子哭鬧聲弄得不好入眠？
設計師說裝隔音材料就不怕吵了？真的嗎？

實際上隔音材料的目的，只是能減少多少分貝的噪音值而已，若要做到完全隔離是有困難度的。

六面都包覆隔音效果較佳

瑞銘業務總監蔣瑞珍表示，以目前市面上所販售的隔音墊或片，以厚度1.5～2.0mm來測試，隔音率大約是20～30分貝，愈厚則隔音效果愈好。而且依據聲音的特性，在施作時，會在隔音墊的音源側貼上吸音材，改善反射效果，讓隔音效果會更好。同時，若想要在一個空間裡，杜絕噪音，就是上下左右前後六面都包覆住，才能讓聲音無所遁形。

最讓人困擾的樓板噪音問題，往往來自於樓上住家，廠商或工班所進行的天花板隔音施作方式，主要是以白膠或強力膠將條狀2.0mm隔音條相互黏貼至少兩層，再固定於木角材的上下層成爲具有隔音襯墊的複合型角材，並於每間距約45cm～60cm組成的天花板框架，內部填充高密度玻璃纖維棉板或岩棉板，直接封閉所有角材而成爲隔音天花板。特別注意的是，已完成隔音處理的天花板表面，除了電源線必須穿孔外，最好採用吸頂型燈具而避免採用需挖洞的嵌頂型燈具，因爲若有挖洞，聲音又會再傳出。

牆面與管道隔音，亦是重點

至於牆面及天花板的隔音工法，專營隔音材料的台亨貿易蔡逸凡說，近來爲了施工方便，市面上廠商更研發出一體成形的複合式隔音墊，由骨架往外出去分別爲自黏背膠層→制震用海棉層→隔音片→吸音用海綿層→防潮用錫箔層，然後才是矽酸鈣板，再貼上壁紙或油漆等表面材。

另外，關於沖水馬通或管道間的噪音問題，則建議可以透過專門包裹管道間的隔音棉來減低噪音，或是透過浴室門片做隔音處理也是方法之一。

文／李寶怡　圖片提供／台亨貿易02-2648-8226、瑞銘02-8792-8278

Q&A

Q 我們家都裝了隔音墊，為什麼還是聽得到隔壁小孩的哭聲？

A 其實聲音的傳導除了透過牆壁外，另一個就是透過門窗，因此即便你已全部施作隔音墊，但也要查看一下是否門窗也改成氣密隔音門窗，並且是否密合完全，才能杜絕噪音進入室內。

Q 可以用吸音棉來隔音嗎？

A 很多人把吸音及隔音都搞錯，以為聲音被吸入就可以隔音了。蔡逸凡解釋說，吸音是將多餘的聲音吸入，不會造成反彈，而隔音卻是要把聲音隔絕，其密度較高，讓聲音無法穿透為主，因此市面上多半以厚實的「片」或「墊」的方式呈現，而不是「棉」。若廠商標註「隔音棉」時，則應注意一下，吸音棉後緊貼著隔音片的複合產品才是具有吸音隔音效果的產品。

透過隔音墊，在家也能享受安靜的生活。（圖片／台亨）

管道間隔音棉。（圖片／台亨）

隔音墊得依不同狀況選擇所需的厚度。（圖片／瑞銘）

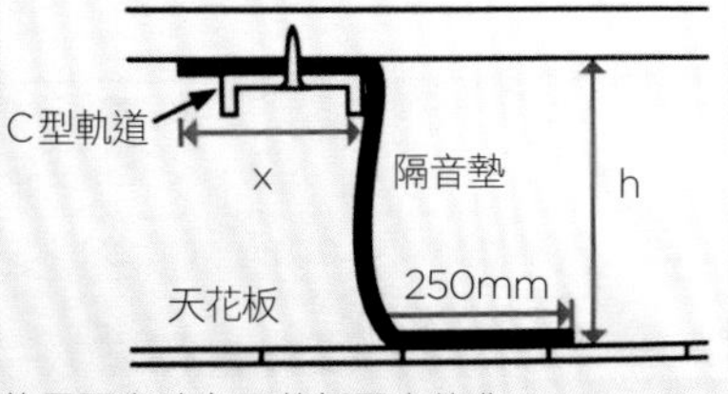

使用隔音片在天花板隔音施作。（圖片／台亨）

廠商推出複合式隔音墊，是將隔音夾在吸音海棉中間，兼吸音且隔熱。（圖片／台亨）

隔音墊注意事項

1 要請廠商出示隔音數據及是否防火抗燃。
2 注意隔音墊材質為聚乙烯與吸音棉的泡棉不同。
3 施工時，無論是地坪或立面，甚至天花板一定要平整。

設備小檔案

產品名	主要功能	特色	價格帶
天花板及壁面專用隔音墊	隔音及吸音、隔熱	施工快速 不會散發VOC甲醛等揮發性有害氣體	2mm以下 1,500～2,500元／坪

節能健康窗 活用窗子經營舒適室溫環境

在下午西曬、迎風面或面臨大馬路等的方位開窗，無可避免地會受到屋外環境的影響，
聰明的節能健康窗設計，隔熱、隔音，雨水透不進來，風灌不進來，
讓家自在地享受新鮮空氣，循環對流，省電、省荷包。

隨著全球氣侯變遷，暴風、暴雨、低溫、高溫的氣候現象，發生頻率愈來愈高，台灣地區也不能置身事外。怎麼藉由窗戶設計引導室內外的空氣對流？傳統鋁門窗擋不住強風豪雨進襲，遇冬季寒流南下又會透進冰冷寒風，怎麼改善？

特殊夾層結構，捲門窗帶動空氣對流

捲門窗的使用是解決方案之一，其材質採雙層鍍鋅鋼板或鋁合金板，夾層中另包覆PU發泡，特殊的三明治結構，讓捲門窗在寒冷的冬天，有效隔絕屋外冷空氣，在室內發揮保溫效果。在夏季，特殊的夾層保溫結構則成爲一道活動式隔熱層，提供良好的隔熱效果，加上捲門片上獨特的透氣孔洞，可隨意調節孔洞開口大小，導引室內、外的空氣對流，控制陽光進入室內的幅度。

玻璃選擇，左右窗子的「節能」功力

爲了解決傳統鋁窗容易滲水、灌風的問題，於是產生氣密窗設計，利用膠條、防水布等強化結構，提高窗子與外框之間的密合度，達到防水滲入的氣密與水密作用。窗戶要能夠發揮節能的效果，重點在於窗子對室內空間所能產生的「隔熱」、「隔冷」程度，而玻璃的選擇是關鍵，以目前最常使用的玻璃型式，主要是以膠合玻璃、中空複層玻璃等爲主。

提高節能效率，決戰窗框的斷熱設計

除了玻璃因素，窗框結構也是影響保溫效果的要點。在門窗的隔熱有所謂的熱橋現象（Heart Bridge），這是因爲窗框構造的有些部位，厚度較薄、材料不同，造成該部位熱傳導的抵抗較小，熱損失大多經過此部位增加室內之熱負荷，這個部位就稱爲熱橋。若金屬門窗框沒有良好的斷熱處理，夏天會造成室內冷氣負擔，冬天則容易產生結露現象，都會影響節能設計的表現，選購節能健康窗時應多方考量評估。

文／魏賓千　圖片提供／立肯榮實業 07-374-0256、正新鋁業 03-434-0000

Q&A

Q 何謂膠合玻璃、中空複層玻璃、LOW-E玻璃？

A 所謂的膠合玻璃，指的是使用兩片或兩片以上的一般玻璃、強化玻璃，中間夾著熱可塑性樹脂（PVB）中間膜，利用高壓、高溫，讓玻璃之間產生緊密結合，進一步發揮隔音、隔絕紫外線的穿透，而且玻璃遭受外力重擊也較不易飛散，兼具防盜作用。中空複層玻璃的設計，是在兩片玻璃間灌滿乾燥空氣或惰性氣體，藉由玻璃間的夾層，阻斷溫度傳導，以達到斷熱的效果，進一步降低控溫電器的用電量。至於LOW-E玻璃，指的是在玻璃之間增加一層隔熱膜，阻絕陽光帶來的熱能，使用方式可以採膠合方式，也可以採複層方式。

Q 很怕小孩貪玩拉動窗子，發生墜樓意外，怎麼預防呢？

A 建議在窗子加裝「開口限制器」，一旦固定好位置，推窗時僅能開啟至固定點，避免家中幼兒意外從窗子墜落。或是考慮內倒窗設計，透過轉動把手，將門窗調整成「內倒」狀態，僅留上方空隙讓空氣對流，兼具防盜、防墜落功能。

1 捲門窗擁有極佳的保溫、透氣效果，且可隨意調節孔洞開口大小，導引空氣對流，控制陽光進入室內的幅度。（圖片／立肯榮企業）
2 內外雙色窗框的設計，以金屬色、深木紋色，搭配室內外景觀做出變化。（圖片／正新鋁業）
3 超大尺寸景觀窗採特殊的提升門專用滑輪組，可堅固地承載大扇落地門的重量，開啟時先透過提升的動作來減力，操作簡單，自然享受大景觀視覺畫面。（圖片／正新鋁業）

設備注意事項

1 一樓的景觀窗宜採用膠合玻璃，除了具隔音、隔熱效果，也有防盜的考量。
2 房子的迎風面，建議選擇氣密功能佳的窗子，外層的紗窗可加裝「紗窗扣」，固定紗窗。
3 不想拆除舊窗框，可直接套裝較舊窗框規格大的新窗框，省去泥作費用，缺點是因窗框部分的密合度較差，比較容易發生漏水問題。
4 房子的所在位置也是決定因素，如房子位於海邊，空氣中的鹽分會造成金屬門窗的腐蝕，塑鋼窗的防鏽效果便優於一般的金屬窗。

設備小檔案

產品名	主要功能	特色	價格帶
氣密窗	防水、防風	透過氣密壓條、玻璃壓條等，讓屋外的水、空氣無法透過窗戶滲進來。	約1,000元／才
隔音隔熱窗	隔熱、隔冷、隔音	低樓層空間使用雙層膠合玻璃，發揮防盜作用。	約1,000元／才（依所使用的玻璃材質而定）

地暖系統｜溫暖，由腳底板開始

腳直接接觸地板，最容易讓人有放鬆的感覺。
夏天還好，但遇上寒冷的冬天時，即便是暖和的木地板，也讓人從腳底板冷到全身發抖。
該怎麼辦呢？或許地暖系統能爲你的家帶來溫暖輕鬆的氣氛。

人體末稍神經最不易保暖，尤其是腳部。當天氣寒冷，常因血液循環不佳而腳部冰冷，覺得穿再多衣物也無法使身體溫暖起來，抵抗力也因此下降，尤其是老人家，更因家中潮濕且氣候變化大，容易造成身體上調適不良而引發中風、心血管病變、關節風濕痛…等問題，甚至大人小孩也因空氣中80％的水氣導致地板潮濕、牆壁長霉生癌、蟲蟎滋生，而誘發過敏及呼吸道疾病等體質。

由下而上熱傳導，溫度均勻不易揚塵

雖然家中裝有暖氣機、電熱爐，但受限於循環對流散熱原理，使得室內溫度熱傳導不易，暖房效果不佳，更容易揚起空氣中的粉塵影響人體的健康。而地暖系統的架設，就是將會導熱的電纜埋在地下，透過通電及系統設定，讓居家的溫度由地磚傳導到地面，然後透過空氣層的傳導由下而上，維持在攝氏20～25度之間。當室內溫度超過25～26度時，裝置在牆面上的電子溫控器感應到，即會進行溫度的自動調節及開關控制，也省去開開關關的麻煩，並有效節省電費。因此，當室內熱環境溫度均匀時，整個空間會呈現乾爽舒適狀況，人體也會溫暖起來了！「地暖採緩慢加熱的方式，而且依地材的不同，施工工法及環境不同，則腳底感受到熱的時間差也會不同。」昊成實業總經理吳本田說，一般而言磁磚及石材的熱傳導較好，其次才是木地板，但透過瓦數設式，無論是什麼面材大約30分鐘表面才會感受到溫度，只是強度上會以石材跟磁磚感受較木地板強烈。

針對表面材，注意乾式或溼式工法

而電熱地暖系統埋入地板的工法概分爲3種，一爲不動到泥作的乾式施工，搭配木地板，加裝在原本的樓地板上；或以濕式施工，裝潢時藉泥作埋進磁磚、石材類地坪下。而針對時下流行的架高地板，則透過木作龍骨架高，將電纜放在龍骨中間，然後加上夾板及木地板。

以往電熱式地暖都以電纜線視施作面積及需求調整迴繞的行距及圈數，可用在任何工法上。最近也有廠商推出超薄型電膜式地暖，以一片片的方式施作，但僅適用在乾式工法。但永宏

文／李寶怡　圖片提供／昊成實業02-2296-7600、永宏大02-2700-0003

大經理林福興說，地暖系統的價格涉及很多原因，像是零件的搭配、導熱及密度鋪設、施工的方式等等，因此無法單一說明。一般價格連工帶料大約在每坪1～1.6萬元左右。另外，受到E化的影響，廠商也推出可以與遠端遙控系統整合的控制面板主機，讓屋主在回到家前，透過手機遠端遙控即可先為家裡預熱，等一回到家就可以享受熱呼呼的空間氛圍了。

裝置在牆面上的電子溫控器可以設定及控制地暖的溫度及預熱時間，當室溫達到設定溫度時，也會自動停止加熱，節省電費。（圖片／永宏大）

1 運用電纜地暖系統，即便是冷冰冰的磁磚地板也能暖烘烘。（圖片／永宏大）

2 地暖系統的架構包括電子溫控器或無線中央控制器、雙芯電纜墊等。（圖片／永宏大）

Q&A

Q 地暖系統要通電，每個月的電費會不會很貴呢？

A 一般來講，地暖系統每天8小時計算每坪約耗電2～2.5度。所以若以台灣的電費計價方式來計算，3～4坪木地板臥室，晚上連開8小時，花費約21元，若換算到8坪大拋光石英磚的客廳，也不過才55元，比開暖氣還便宜。

Q 一旦要用地暖系統，就必須全室都鋪嗎？

A 其實以一般50坪的住宅來算，實際鋪設面積約30坪左右，因為會避開有固定物品的地方如床、櫃、馬桶、洗手台、固定家具等，避免浪費。

Q 聽說地暖系統不能用在實木地板及塑膠地板上？

A 其實無論是北歐或日韓系的地暖系統，其最高溫度設定在攝氏60度，因此無論表面材是什麼，只要能耐熱超過攝氏60度以上，都可以用。尤其是日歐體系的表面材因法規規定，因此會註明「熱乾縮」或「熱處理」的標示，所以若想在地暖系統上，用特殊材料，則可詢問廠商有無「採暖」特性，使用更安心。

選購地暖系統注意事項

1. 挑選有品牌：台灣的地暖系統多為進口品牌，因此最好挑選有品牌的產品，且歷史久、在國際上有口碑的公司所生產的產品比較有保障。
2. 擁有專業的施工團隊及實例參考：不同空間及地材有不同的施作方式，因此最好透過專業團隊施工會比較能掌握品質及現場狀況。
3. 施工後會檢測及完整的售後服務：當地暖與地材施工完成後，廠商應提供檢測系統看看是否有漏電或缺角未裝，並提供保固及售後服務。

設備小檔案

產品名	主要功能	特色	缺點	價格帶
地暖系統	為地板加溫，使熱由下而上傳遞，讓空間保持溫暖乾爽。	空間溫度較均勻，無熱風和噪音，不會過分乾燥而影響呼吸道、皮膚舒適度。	價格仍屬高檔，且不宜搭配不耐熱的塑膠地板。	連工帶料大約在每坪1～1.6萬元左右。

超薄型電膜式地暖適合用在乾式施工的木地板下方。(圖片/昊成實業)

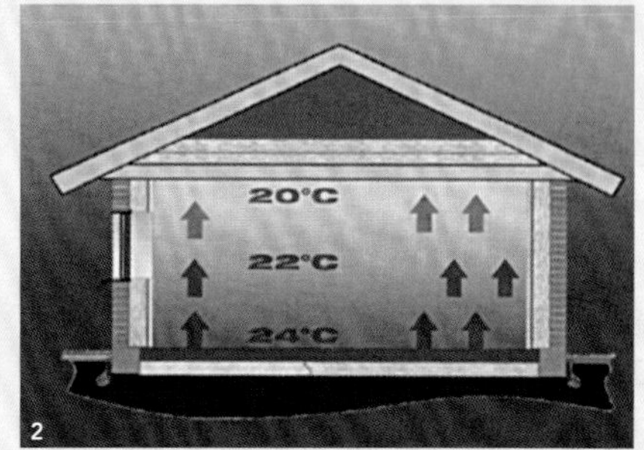

1 利用空調及電熱器的取暖加熱方式，會在室內產生對流，導致上熱下冷，暖房效果不佳且容易引起灰塵對流。(圖片/昊成實業)

2 運用地暖系統的暖房讓足部暖和，頭部適舒，沒有對流且空氣不乾燥，也不易有噪音產出。(圖片/昊成實業)

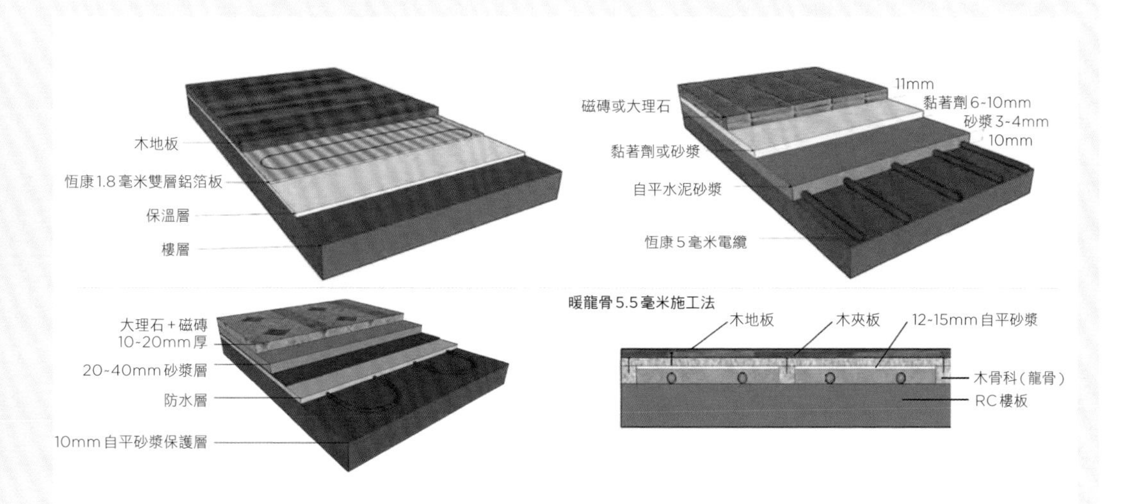

地暖系統各種表面材施工剖面圖。(圖片/昊成實業)

07 暖房效果設備

柴火式暖爐、壁爐

暖房、除濕、烹煮，滿足冬日的快適與節能

在台灣，濕冷的冬天在暖氣需求一直存在，但大多皆以電暖爲優先考量，近幾年來，歐美的柴火壁爐悄悄進駐台灣居家中，不只滿足了屋主的風格追求，也解決了濕氣與暖房的問題，還有柴火的替代能源概念，都讓壁爐充滿了魅力。

吸引不少鄉村迷的柴火式鑄鐵壁爐，從百年前挪威開始出現，這幾年也被運用在台灣住宅中，成爲點綴風格居家的重點之一，但也只有眞正使用過的屋主，會慢慢體會到，壁爐的實用層面，以及爲家中帶來的舒適度、乾爽度。

冬日暖房新選擇，柴火式鑄鐵暖爐、壁爐

暖房效果，是柴火式暖爐最主要的功能，不同的空間與坪數，所選擇的暖爐尺寸規格也會有所不同，主要是以柴火容積、鑄鐵面積所散發出的熱能來估算出可以提供的坪數。主要的散熱方式，是透過玻璃、以及鑄鐵本身與空氣接觸所產生的對流，讓熱能遍布整個空間。

此外，鑄鐵暖爐在暖房時，濕氣也會被迅速的吸收，從事木工教學，也提供鑄鐵暖爐安裝採購的快樂女木匠楊淑娟說，假使空氣中有90%的濕度，利用柴火暖爐只需20分鐘就可降到50%，而在冬天保有40%的濕度是最理想的，但倘若小空間卻買了大暖爐，就得放上水壺增濕，以免太過乾燥。

無論是從暖房效果，或是除濕功能，甚至於不少擁有柴火暖爐的屋主，會藉著熱力來烘乾冬衣，而較爲乾燥的空氣也是維護家具的方法，從省卻各式電器的耗用的實用面來看，節能的替代方案似乎可以將柴火暖爐記上一筆。

在家燒柴取暖，安啦！

說起來柴火暖爐的優點不少，但一講到在家燒柴取暖，第一個冒出的問號絕對是:「安全嗎？」。代理挪威Jøtul的中伸實業李宗策說，早期的壁爐，大多是歐美住宅裡的磚砌壁爐，大開口燃木與直通屋頂的煙囪，然而許多人並不知道，早期的磚砌壁爐，燃燒率只有20%，也就是說80%的熱能都從煙囪排放出去，排煙量也因此變大，同時，也因爲進風口大於出風口，常會來不及排氣，室內因此有餘煙殘留。

而柴火鑄鐵壁爐，進風口小於出風口，可以瞬間排放廢氣，且經過改良後，密閉式的燃燒，只吸取微量的室內空氣，此外，新款的二次燃

文／詹雅蘭　圖片提供／中伸實業 02-2881-9558、快樂女木匠楊淑娟 02-2666-6341、0953-790-922

燒設計，將柴火更充份的轉化成熱能，讓一氧化碳排到室外，無法進入室內。李宗策說，其中，最重要的關鍵就等同於暖爐心臟的煙囪配置。良好的煙囪設計，是燒多少，排多少。90%的木頭燃燒問題都起因於煙囪社計，而煙囪的長度越長，排煙的抽力就越強。此外，若家中是獨棟多樓層住家，可以在樓板洗洞，讓煙囪管經過中間樓層，熱管會釋放熱能，成爲其他樓層的熱源。

除了提供暖房效果、除濕的舒適度，鑄鐵暖爐其實也是很好的烹調熱源，透過柴燒的高溫，在鑄鐵的檯面上煮水，煮粥，或是在柴堆裡烤地瓜，都是相當趣味也十分家居感的生活方式，也只有鑄鐵暖爐，可以在同一時間烹煮、除溼、暖房，卻沒用到一分一毫的電與瓦斯。

柴火式鑄鐵暖爐是以回收鑄鐵所製，本身便是環保材，且可自然分解再利用。外層塗裝亦是選用環保漆。(圖片／中伸實業)

現代風的暖爐，適合前衛感的空間。(圖片／中伸實業)

嵌入式的柴火式壁爐，可以透過裝修安裝在牆體。(圖片／中伸實業)

二次燃燒原理：空氣進入爐體後，一部份提供初次燃燒，一部份則經爐體加熱 到350 ～ 900度C，再與黑煙及有害氣體二次燃燒，轉化成熱源也讓排放的煙清淨無味。(圖片／中伸實業)

Q&A

Q 柴火式暖爐是否有安裝的限制？

A 基本上柴火式暖爐較適合使用在獨棟住宅，或是最高樓層（有頂樓）的住宅，主要是因為煙囪的安裝較不會干擾到其他住戶。如果真的很想要有一座暖爐，而不一定非得柴火式，也可以選擇瓦斯式暖爐，這也是近來不少住宅會安裝的設備。

Q 使用柴火暖爐會不會很容易燙傷，或引發火災？

A 因為是大多時候採密閉燃燒，火星較不會隨意竄出，但在周圍的隔熱設計仍要做好，如底部可墊高5～10CM，形成一自然阻隔與防護區，並採用不可燃的素材，如陶、磚、石材等，後方也可再做隔熱板，由於門把的也有隔熱效果，不必擔心添木料開門的熱度問題。

Q 柴火的取得會不會很不方便？

A 可以透過購買的廠商取得木料的購買來源，快樂女木匠楊淑娟說，一般的木材行木箱行可以是購買來源，還可在網上搜尋扶手梯廠商，跟他們洽洵邊材廢木料，由於是以硬木為主，可讓暖爐燃燒更久。

如果家中使用的是木地板，得在暖爐下方做出一塊不可燃的地坪，後方若有插座，也可以做隔熱背牆。（圖片／快樂女木匠楊淑娟）

柴火式鑄鐵暖爐可以煮開水（或保溫）、燉煮食物，熱力強大。（圖片／快樂女木匠楊淑娟）

煙囪管的安裝是最重要的環節。（圖片／快樂女木匠楊淑娟）

烤箱式壁爐，可以料理食物，溫度最高可到380～400度C，內有隔熱板可置入降溫。（圖片／快樂女木匠楊淑娟）

柴火壁爐採購安裝注意事項

1 市面上的鑄鐵暖爐分為大陸製和歐美製，以細膩度和質感而言，歐美品牌較優，但價位也相對高出不少，大陸製品牌則較實惠但也可滿足基本需求。但仍要選擇知名品牌，較有保障。
2 煙囪的長度在沒有轉彎的狀況下，最少要有4米，但若有轉折的話，則得再增加長度。在國外，通常會高過家中屋簷的一米半，如此才不會讓煙被風一吹又飄過來。
3 國外的煙囪管厚度多為1mm，是因為冬日長且溫度低燃時較長，需要厚的管子以承受高溫，而台灣的寒冷期間較短，燃時也短，厚度以0.6m～0.8m為主。

設備小檔案

產品名	主要功能	特色	價格帶
柴火式鑄鐵暖爐、壁爐	暖房、除濕、烹調	將柴火充份燃燒，沒有一氧化碳殘留，同時具有節能效果，減省冬日電力使用。	大陸品牌12,900元～32,900元（施工費與煙囪管材料費另計） 歐美品牌 51,000元以上，依照尺寸規格而定（施工費與煙囪管材料費另計）

樓梯升降椅｜老人上下樓梯的好幫手

年輕奮鬥買房子，到了年老時卻爬不動，相信這是很多人的寫照，
尤其很多房子受限坪數問題無法安裝電梯，該怎麼辦呢？
在樓梯扶手加裝升降座椅，輕鬆解決長輩們上下樓梯的問題！

什麼是樓梯升降椅？主要是在居家樓梯的側邊安裝專用軌道，運用專用的電動座椅及主機沿著軌道，以一定緩慢的速度，水平橫向位移的方式來爬升樓層，所需的空間不大，很適合安裝在有樓層的居家，或是居住在傳統公寓裡行動不便或雙腳無力的老年人使用。

只要梯寬70公分即可安裝

樓梯升降椅的安裝限制少，只要居家樓梯的總寬度，扣除掉扶手及樑柱突出的寬度，還有70～75公分以上，大都可以安裝。早在數十年前，歐洲、日本等高齡化社會國家便已投入開發及研究，因此產品安全性及穩定度都很高，更導入許多人性化智慧型設計，如：設計微電腦控制速度，行進速度以每分鐘6米爬升，並在啓動、停止或轉彎時慢速進行，使乘坐者不受離心力及慣性影響。又如當座椅到達各樓梯停站時，可旋轉90度轉向平台，讓人安全上下離開。並有主機及腳踏板周圍感應裝置，若遇輕微觸碰即馬上停止，不斷電系統即便停電也將人運送至樓板才會停止、座椅可收摺節省樓梯空間……等等。目前市面上常見的品牌除了有來自英國、德國、荷蘭、日本之外，也有台灣廠商積極投入，十分看好台灣銀髮族的居家潛力。

產品分爲直軌式及彎軌式

即便產品那麼多，但實際上，樓梯升降椅的機型主要可區分爲兩大類別，分別是直軌式及彎軌式。直軌式產品，指的是家中的樓梯從第一階至最末階呈現一直線形，中途無平台、無轉角。軌道主要結構通常以鋁合金或不繡鋼爲基材，透過特殊模具擠壓成型後再予以裁切製成等長規格品，安裝時只要根據樓梯總斜長，於現場進行銜接組裝，並以腳座固定在樓梯踏階上即可。一組直軌式樓梯升降椅，依功能的不同，價格大約介於18～22萬元之間。

若家中樓梯呈現ㄇ型、L型、圓弧型，則必須安裝彎軌式樓梯升降椅。此類軌道的製作流程較爲繁瑣，必須先將客戶家中的樓梯形式構造做完整的精密測量，包括每一台階的長、寬、

文／李寶怡　圖片提供／遠德科技02-2760-1110、羅布森股份有限公司04-2372-6611

深及水平坡度等細微部分。透過特殊繪圖軟體還原樓梯原貌後，再進行軌道路徑設計。彎式軌道通常以碳鋼或不鏽鋼爲基材，透過精密機械按設計圖分段生產，再輔以人工焊接而成。施工人員只需將原廠預作好的分段式軌道於現場做套裝固定，再將支架腳座固定於樓梯踏階上即可。訂製一組1～2樓彎軌式樓梯升降椅，有國產製造及原裝進口可供選擇，價格大約介於35～50萬元之間。至於座椅的帶動，有的廠商是用齒輪，也有傳動軸的方式，各有巧妙但安全性十足。

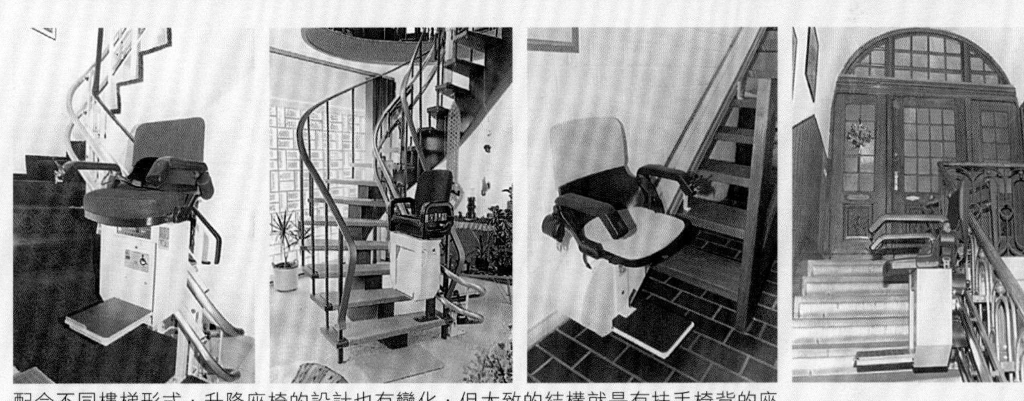

配合不同樓梯形式，升降座椅的設計也有變化，但大致的結構就是有扶手椅背的座椅、主機、踏板、軌道、軌道支架。（圖片／遠德科技）

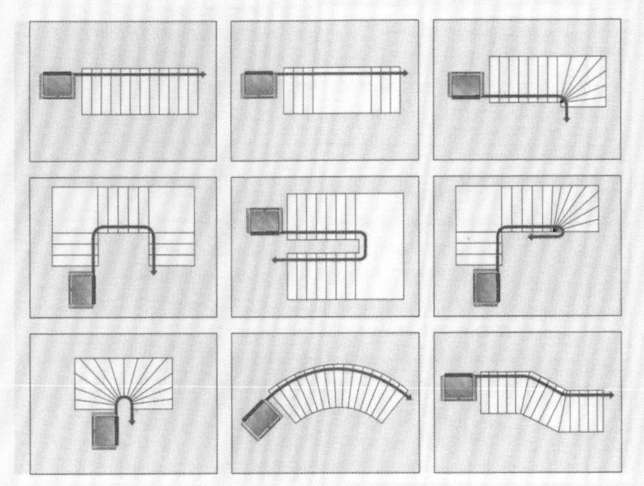

各種的樓梯樣式所搭配的升降座椅的軌道設計。（圖片／遠德科技）

運用此款傳動軸咬合的軌道爬升設計，軌道不易摩損，同時保養容易。（圖片／遠德科技）

直軌式樓梯升降座椅，座椅收起來時也不過24公分，完全不阻塞樓梯通道。(圖片／羅布森)

彎軌式樓梯升降座椅，在轉彎時會放慢速度，使乘坐者不受離心力及慣性影響。(圖片／羅布森)

行進中若扶手抬起來，則升降座椅全完全停止，以保安全。(圖片／羅布森)

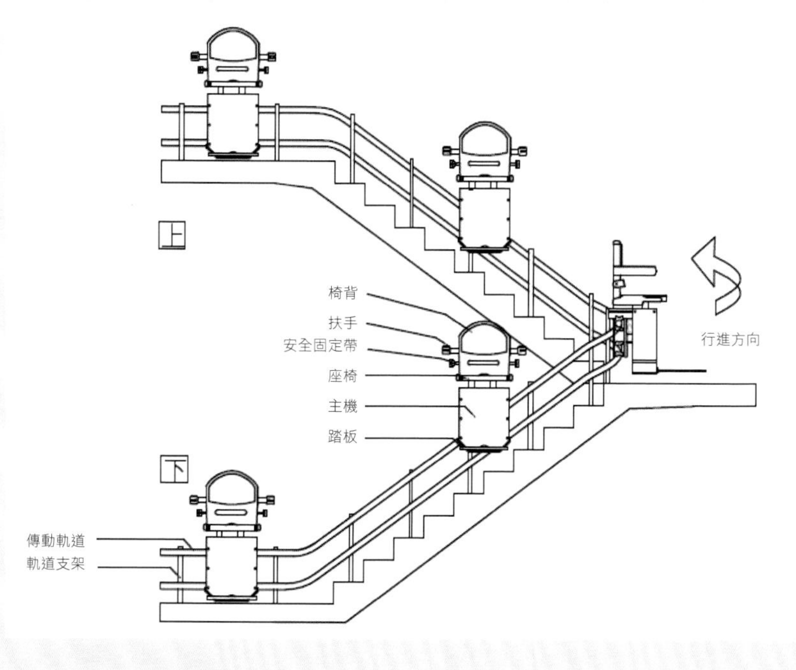

升降椅安裝施工示意圖。(圖片／羅布森)

Q&A

Q 關於升降座椅的組成結構及計費方式，可以再詳細說明嗎？

A 一般在估算樓梯升降椅的價格，都是以一至二樓整套設備，包含升降椅主機、7公尺內的軌道、設計、施工等來做計算。超出二樓的部分，再依照軌道公尺數來計算。舉例來說，若今天打算安裝一至三樓的彎軌式樓梯升降椅，經專業廠商測量軌道總長度為14公尺，則總工程價為：（1～2樓400,000）＋（〔14－7〕公尺×20,000）＝540,000元為初估的價格，當然如果還有額外的需求，則費用另計。

Q 這種升降座椅多半採客制化，因此在與廠商溝通設計及報價時，要注意什麼呢？

A 樓梯升降椅在設計規劃上，購買者可主動提出本身的需求，特別是在停滯點、充電點的軌道位置，都必須考量使用者的行動能力，比如使用者平常都以輪椅代步，軌道的起、終點設計就得保留較大的空間用來停放輪椅，也讓照料者有空間站立。當廠商完成設計後，有義務將圖面提供給購買者參考，雙方可再就設計圖面作討論修改。

Q 升降座椅在施工上又要注意什麼呢？

A 由於樓梯樣式不同，因此必須客製化，視複雜度製作時間需2週至1個月。此外，樓梯升降椅在施工裝上，有幾點必須注意的：

1. 每根支撐柱是否牢固於樓梯上。
2. 進行充電配線須注意安全美觀。
3. 直接測試使用感受行進流暢度。
4. 檢查每個充電點是否正常運作。
5. 施工廠商須恢復樓梯環境整潔。
6. 廠商須交付操作說明及保固書。

選購升降座椅注意事項

1. 選擇合法總代理商或貿易商。
2. 在這個領域已從業多年，且有實際設計及安裝經驗。
3. 安裝及維護人員有經過原廠受訓，並有證書證明。
4. 能提供後續的保固服務及零組件庫存保障等等問題。

設備小檔案

產品名	主要功能	特色	價格帶
樓梯升降椅	針對傳統公寓或有樓層居家而設計，在樓梯側邊安裝軌道，運用電動座椅上下樓，提供家中有老人或行動不便者，在不同樓層移動的輔助設備。	所佔空間小，且不會破壞建築結構，安裝快速簡便，只要設計圖確認後，以1～2樓一日即可完工，人性化的操作模式，電費及維護較電梯省很多。	直軌式連工帶料約18～22萬元；彎軌式約35～50萬元左右。

推門式浴缸、軟質浴缸養護浴座

不用跨不怕撞，輕輕鬆鬆泡個舒服的澡

無論是淋浴間或是浴缸式設計，一個必須久站，一個必須上下抬腳跨入，對行動不便的老人家來說都是可考驗，因此有廠商針對銀髮族推出推門式或軟質的浴缸及可坐的浴座，解決泡澡問題。

以目前的浴室設計，除了加裝把手及免洗馬桶外，其他的設施對銀髮族與行動不便者來說，仍是十分困難，特別是洗澡這件事情，因此有廠商考量到這些特殊需求，自行研發所謂的「推門式浴缸」，還有可以坐著淋浴洗澡的「養護浴座」，更有廠商直接從國外引進「軟式浴缸」，希望減低浴室摔傷的比例，也讓不便的家人有個愉快的衛浴時光。

推門式浴缸＆軟質浴缸

推門式浴缸，名符其實就是在浴缸的邊緣設計向內推開的特殊防水門閘，方便小孩、老人家、孕婦可開門進入浴缸，甚至只要浴室設計得當，也可以直接把輪椅推到浴缸前面，直接推門進入，將人放置在內附的座椅上即可放水泡澡，或是用蓮蓬頭淋浴。並有老人防跌、底部防滑及安全扶手設計，預防滑倒。在省水方面，則採用日式高深式的浴缸，長寬高分別為99×70×101公分，讓水流快速充滿浴池，不易著涼且較一般浴缸省下1/3的水。

至於軟質浴缸設計，外表仍是一般浴缸的FRP材質，但內槽放置如記憶枕材料的「聚氨酯」軟墊，當裝滿水後，人踩進去或躺下去，就會慢慢壓出人體形狀吸附在浴缸裡，不怕滑下去或跌倒，而且因材質的關係，水溫溫度不會快速下降，此產品還曾獲頒2010年德國的reddot設計獎項。禾久貿易副董事長詹木濱說:「產品經測試，如以100公斤的重物從一公尺空中落於浴缸，依舊能完好如初，透過特殊塗料讓浴缸比傳統產品不怕沐浴用品造成染色，永保顏色與光澤。」

養護浴座，坐著淋浴省水環保又安心

若不喜歡泡澡的人則可以選擇養護浴座，座椅本身附12處淋浴水霧噴頭按摩身體，並外掛淋浴蓮蓬頭沖洗頭部及身體其他部位。洗完後扶手及座椅還可折疊，不佔空間。耗水量更佔一般浴缸的1/4。根據Panasonic表示，採每分鐘約8～14L的出水量及適溫的水霧噴灑可達到和泡澡一樣的效果，卻沒有泡澡容易產生危險，例如不易導致中風或心臟病的發生，對高血壓的人也不會造成負擔。

文／李寶怡　圖片提供／台灣福祉02-2683-0868、禾久貿易02-2608-3266、台灣松下電工02-2581-6060

Q&A

Q 安全浴缸及浴座在施工及保養上有要注意什麼嗎？

A 其實無論是推門式浴缸、軟式浴缸或養護浴座，其施作原理與一般浴缸及直立式水灑類似，且合格有商譽的廠商在出貨時都會附一份保證書及使用説明書，因此一般衛浴設備施工者都可以施作。但在施工時仍要注意避免被尖鋭物刮傷或刺破。保養維護方面，也與一般浴缸相同，切忌用菜瓜布及酸性清潔劑。

Q 給老人專屬的衛浴空間，還可以怎麼規劃呢？

A 除了專屬的浴缸或浴座外，其實整個衛浴空間的規劃很重要。以必須坐輪椅進出衛浴的銀髮族需求來規劃的話，有幾點一定要注意：1.全室止滑處理且乾溼分離。2.輪椅進出門口不能有門檻，且門寬度最少80公分以上，並採外推或橫拉門，以利緊急救援。3.衛浴間必須留有直徑150公分的輪椅迴轉空間。4.在馬桶及洗手台及浴缸邊加裝扶手，以利老人家起身。5.馬桶及洗手台面最好採落地式，以免無法承重突來的壓力而落下。6.廁所要安裝緊急求救鈴。

推門式浴缸，獨特的關門閥讓水流不外漏。（圖片／台灣福祉）

浴座式的椅子及扶手可以折疊收納，能大大節省衛浴空間。（圖片／台灣松下電工）

軟質浴缸也有嵌入式的產品可以選擇。（圖片／禾久）

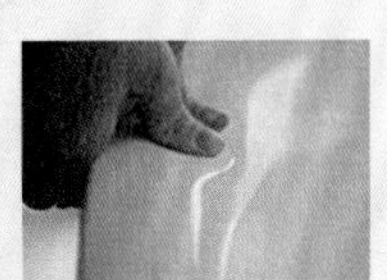

軟材質浴缸提供泡澡的柔軟感，可以輕易的用手按壓體驗觸感。（圖片／禾久）

如何選購安全浴缸及浴座

1. 要有防滑設計，以及把手、扶手輔助：為避免滑倒，或是突發狀況需要支撐。
2. 冷熱水及水流要穩定：老人家的身體十分敏感，因此水流要定時定量且穩定出水，使用的人才不容易感冒或被燙傷。

設備小檔案

產品名	主要功能	特色	價格帶
推門式浴缸	針對行動不便者、老人、孕婦等設計，不需跨越浴缸，推門式的設計方便進出。	開門式設計、安全扶手、防滑底部、人體工學座椅等。（另可選購按摩設備、超氧負離子、牛奶浴。）	含安裝費約8萬元
軟質浴缸	有別於硬式浴缸，軟質浴缸特殊材質防滑防撞，提高安全度。	內槽為記憶材料「聚氨酯」軟墊，吸附性強、止滑力高，且具保溫效果。舒適與節能兼具。（另可添加牛奶浴設備）	不含安裝費約10萬元
養護浴座	提供給不喜歡或不適合泡澡（如高血壓、心臟病）的家人，另一種舒適的沐浴選擇。	耗水量較少，12處淋浴水霧噴頭、淋浴手臂及座椅、水流穩定出水。	不含安裝費約10萬元

軟木地板、軟木牆板

防孩子老人撞傷，並有隔音隔熱防過敏

大理石太冷、木地板怕潮又吵？
那麼選擇保溫隔音性能好的軟木地板來打造安全舒適居家，
好保養且質地柔軟的特性還不怕寶寶走路跌傷顧氣管哦！

講到綠建材，軟木地板可是貨眞價實。因爲其原料來自地中海附近的橡樹樹皮，每9年就可剝一次皮，因此使用軟木不需要砍樹。

絕佳環保材，彈力與韌性一級棒

軟木的細胞組織間充斥著空氣體，具有極佳彈力與韌性，可提供極大的緩衝作用，再加上其獨有的吸音隔音、防潮、防震性高、保溫低導熱、抗靜電性質，帶給人極佳的腳感。此外，軟木本身不含醣分、不進行新陳代謝，因此不怕蟲蛀，在加工上比一般木材要簡單，少了不必要的防腐、殺蟲過程，自然就少了危害人體的化學成分。

在國外一些溫濕度劇烈變化的地方，甚至還有人以軟木做壁板、天花板，或塞在外牆與內牆中間，運用其不裂不翹特性做隔音板及隔熱層，防止夏天室外炎熱空氣的內侵，冬天室內熱氣通過地面外洩，是節能環保之上選天然質料。

鎖扣式軟木地板可重複使用

軟木主要是由橡木皮碾碎後依不同紋理形式黏合、加壓成片。目前市面上的軟木產品分爲黏貼式地板、扣鎖式軟木地板及軟木牆板。其中，軟木牆板主要運用在內外牆面及天花板，有隔音吸音隔熱功能。

黏貼式地板的組成，是整片軟木層上面再加上花樣貼皮層然後上漆或耐磨層，材料較單純，也比較薄，施工時只要把整塊軟木「黏」在地板上，比較服貼、無縫，防潮效果也較好，不易變形。且目前台灣的軟木地板都來自無毒把關相當嚴格的歐洲，因此黏著劑通過歐洲EOC的認證，達到E1等級，安全無虞。

而鎖扣式地板的則是像市面上的超耐磨地板一般，在軟木下加一高密度纖維板作卡扣，底層再加軟木墊防潮防水，因此施工起來不需要用膠黏貼，好處是不會破壞原本的地板，以後拆卸方便可以重複使用。而且軟木地板的縫隙比實木地板、超耐磨地板還要小，不容易藏汙納垢。

文／李寶怡　圖片提供／台亨 02-2648-8226、瑞銘 02-8792-8278、唯康 03-420-6686

Q&A

Q 軟木地板能防噪音跟隔熱？對抗氣喘也有效嗎？

A 因為軟木由無數個氣囊組成，表面形成了無數個小吸盤，緩衝了摩擦及撞擊，不容易製造行走時的噪音。在隔熱的部分，因傳導力低，外部熱空氣不易進到裡面來。再加上本身抗靜電，不容易吸附空氣中的灰塵及花粉，能有效控制過敏源，對有呼吸道病史的人有保護作用。

Q 軟木地板平時如何保養呢？

A 軟木地板本身有蠟質成分，因此千萬不能用清潔劑擦拭，只要用掃把或吸塵器清除灰塵即可。若真的不小心沾到髒汙，可用清水擦拭，因表面有特殊防水塗料，所以不必擔心水氣會影響軟木，但要小心尖銳物品，以免損傷地板。

軟木地板材質較木地板及石材柔軟，對有小孩的家庭是不錯選擇。（圖片／台亨）

將軟木施作在客廳、視聽室或臥室牆面，具有吸音及隔音效果。（圖片／瑞銘）

天然活性碳軟木可施作在天、地、壁，具有隔熱隔音的效果。（圖片／瑞銘）

鎖扣式軟木地板剖面圖：由上而下分別為耐磨面漆、高密度軟木層、高密度纖維板、隔音軟木襯墊。（圖片／台亨）

購買軟木地板注意事項

1 看表面是否光滑：軟木地板因壓製及表面塗保護膜的關係，所以表面光滑沒有突出的顆粒，才是正確的。
2 看邊及四角切割是否平順：機器切割，因此軟木地板鋪在玻璃上或平整地面上拼貼時應密合無縫。
3 檢驗板面彎曲度：因為軟木板的彈性好，將地板折快一半時，若出現裂痕，則表示品質有待考量。
4 防水測試：可將小塊樣品放入水中泡24小時，若表面出現縐縐地且凹凸不平，則為瑕疵品。

設備小檔案

產品名	主要功能	特色	價格帶
軟木地板	運用在室內地面，特別適合幼童或年長者使用，可防地板過冷及撞傷。	具緩衝彈力、抗靜電，不易吸附空氣中的過敏原。可拆除並重複使用。	材料每坪約4,500元～11,800元（視紋理效果、有無導角及染色處理而定）。施工費每坪約900元起。
軟木牆板	運用在壁面上做為牆板，可減少西曬與潮濕問題。	隔音、隔熱、防潮、節能。	

壁面塗料 會呼吸的牆，擺脫易過敏環境

台灣地區的海島型氣侯，潮濕多變，加上現代建材中不乏含有會釋放出有害人體健康的物質，影響空間品質。取材自大地的壁面塗料，擁有會呼吸的毛細孔及吸氣、除臭等功能，自然調節室內空氣、濕度，營造一個健康的居住環境。

牆面，佔空間最大面積，是營造風格美學的主力，在經營居家環境健康時也是極佳的切入點。不同於一般的漆料壁材，取材於大自然的健康塗料，有效發揮抗菌防霉、除臭、平衡室內空氣濕度等作用，搭配手感的塗佈方式。家，不僅美得有個性，而且讓人住得很安心。

珪藻土牆吸附、分解有害物質

珪藻土原屬於海底藻類的遺駭，由200～300萬年前在湖水中或海水中，成千上萬植物性浮游單細胞生物的遺骸沉澱至湖床、大海床底部，自然形成的有機物質，經由時間分解只殘留無機物質部分，開採後碾成粉末即爲珪藻土。以珪藻土塗料當室內裝修建材，有別於一般油漆塗料，可以有效改善空氣溼氣，吸附並分解空氣中的醛類等有害物質，自然調節室內適當溼度。另外，可防止牆壁結露，進而避免細菌塵蟎吸附，提供安全、舒適、健康的居家環境。

傳統的石灰牆概念，具有極佳的黏結與附著力

所謂的灰泥，指的就是俗稱的「白灰」或稱爲石灰（氫氧化鈣）爲主的原料，所煉製而成的純天然傳統壁面敷料，從古至今被使用的範圍相當廣泛，如古蹟、古墓或傳統建築的牆面等塗佈處理。爲求增加其強度或耐久性等，會再加入其他天然物質，如大理石粉或纖維素等，可說是相當天然的壁面敷材。傳統的石材壁面塗佈概念，結合現代科技，變成多用途的壁面塗料，以特殊的製程與配方調製而成，具有極佳的黏結與附著力，不需借助任何合成樹脂黏結劑，就能達到硬度夠、防濺水的特性。

水庫淤泥變成寶，室內外牆材的新勢力

由台灣研究團隊自行開發的水庫淤泥塗料，取材自南台灣的曾文水庫，利用其獨特的化學特性，化廢爲寶。最早的應用是作爲戶外材使用，發揮防水、透氣作用，包括作爲水泥基的防水建材，可添加於水泥沙漿、各種預拌砂漿（填縫泥、自平水泥等），以及泡沫混凝土；另外，可添加於彈性水泥，強化其抗水解、抗裂與抗老性能，或是添加於批土與水性水泥漆，節省其用料，增加其緻密性。運用於室內空間，淤泥塗料具有孔隙，可吸臭、透氣，且經過太陽光照射後，有去除濕氣就還原的再生功能。使用時直接調和粉水比例，搭配萃取自天然礦物的色澤，做出色彩變化。

文／魏賓千　圖片提供／立肯榮07-374-0256、自然材公司02-32343770、徐薇涵設計師0926-345957、昶閎科技www.techome.com.tw

Q&A

Q 塗料的顏色來源是什麼？

A 塗料的顏色大都取自於自然界，如灰泥塗料所搭配使用的色母，為包含24種土質與礦物性的無機顏料色母，有極佳的耐光性、抗紫外線、不退色、不變色。水庫淤泥塗料部分，則是取自於天然礦物，如綠色系源自於氧化鍋、紅黃黑則取自於氧化鐵。

Q 使用塗料時是抹得愈厚，效果愈好？

A 基本上，並不建議去強化施作時的「厚度」，按照各式塗料所標示的施作方法進行室內牆塗佈，已足夠發揮塗料的功用。塗抹的厚度愈厚，可能因此有追加材料的情況產生，耗材又耗時。

珪藻土原屬於海底藻類的遺駭，經開採後碾成粉末，可吸附並分解空氣中的醛類等有害物質。（圖片／立肯榮企業）

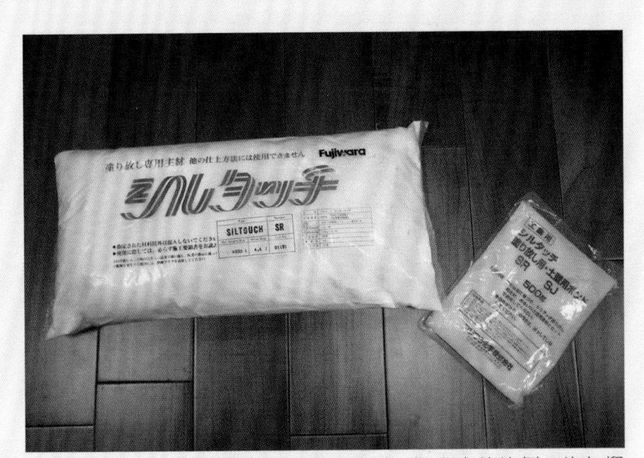

珪藻土施作時，須搭配隨袋附贈的膠材，調和水的比例，均勻攪拌、混合至一定程度的泥狀。（圖片／立肯榮企業）

灰泥塗料採罐裝方式，濕泥狀，不需再調製即可刷塗，且塗刷兩層即有足夠的遮蓋力。（圖片／自然材公司）

灰泥塗料源自傳統的石材壁面塗佈概念，結合現代科技，以特殊的製程與配方調製而成，具有極佳的黏結與附著力。（圖片／自然材公司）

灰泥塗料的顏色取自於大地，為包含24種土質與礦物性的無機顏料色母，抗紫外線、不退色。（圖片／自然材公司）

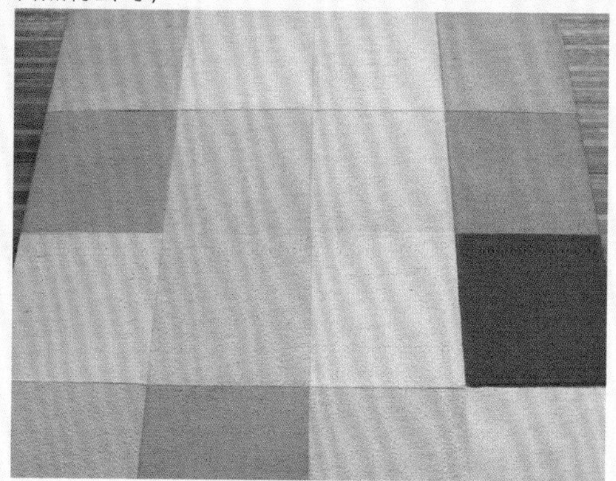

原始材料為曾文水庫的淤泥塗料，搭配自然礦物做出顏色變化。（產品提供／昶閎科技）

壁面敷材施作注意事項

珪藻土

1 施工前，底材必須充分乾燥，且板材的接縫處應先做防裂處理、補平，以免日後發生龜裂。

2 舊牆壁施作前，應徹底去除長年累積的灰塵等，牆面若有貼覆舊壁紙、壁布，應去除乾淨平整。若施做的牆面已有漏水、濕牆等現象發生，為免塗料施作的效果不如預期，應先完成牆面修補後，再進行施工。

3 施作前，須將珪藻土、隨料附贈的膠、水，充分均勻攪拌，混合至一定程度。

灰泥

1 建議使用於礦物性的底材，如混凝土、水泥沙漿粉光、石灰粉光牆面、黏土牆、矽酸鈣板，不建議施作於夾板、實木或金屬等材質。

2 可使用刷塗、滾塗或噴塗（細緻規格產品）等方式來施工，至於鏝刀則不適合。

3 因不含樹脂成分，其刷痕會較一般水泥漆明顯，建議採不規則方式來刷塗牆面，豐富牆面表情。

水庫淤泥

1 最建議使用的底材是「水泥」類。可發揮其防水功能，如果底材為「非水泥類」，如夾板、矽酸鈣板等，防水效果相對比較差。

2 運用於室內空間作為表面材，加水調整粉、水的比例，即可使用。運用於戶外空間，如戶外牆、屋頂等，適當地調入水泥、混凝土等，作為戶外防水基材。

3 施作時，因使用不同的塗刷器具或增加物，如穀殼等，創造獨特的牆面造型。

使用水庫淤泥做為壁塗，牆面上會呈現自然的起伏感。（圖片／徐薇涵設計師）

設備小檔案

產品名	主要功能	特色	價格帶
珪藻土	吸附並分解空氣中的醛類等有害物質，能自然調節室內適當溼度。耐水性強，防止牆壁結露。釋出負電子。抗菌防霉，具除臭、脫臭功能，並具隔熱性、耐侯性，使用年限長，具有多種天然色彩選擇。	適用於噴槍、滾輪塗抹、鏝刀塗抹。適用的底材包括氧化鎂板、矽酸鈣板、三合板、石膏板（接縫處需做防裂處理與批土、底漆），至於水泥粉光牆面或水泥灰漿牆，可直接施工。	約2,000元／坪
灰泥	屬鹼性塗料，具防黴抗菌的效果，特別適用於潮濕的空間，如浴室、地下室。透氣性佳，除了保護牆體建材的功能外，也具有平衡室內空氣濕度的功效。完全不含揮發性物質、防腐劑，無臭無味，特別適合過敏患者。取得國內綠建材標章，完全不含甲醛成分。	濕泥狀，不需再調製即可刷塗，且塗刷兩層即有足夠的遮蓋力。可搭配白堊紀色母來使用，包含24種土質與礦物性的無機顏料色母，有極佳的耐光性、抗紫外線、不退色、不變色。	700～800元／坪
水庫淤泥	係利用台灣地區淤泥獨特的化學成分，並應用奈米黏土技術組成的透氣防水材。兼具無機黏土的耐候性，和有機分子的厭水性。與無機的水泥基材、有機的高分子樹脂都能充分融合。	主要成分為無機材，製作過程符合節能減碳的綠建材觀點。	500～800元／坪（連工帶料）

Chapter 4

破解住的疑難雜症——40個不可不知的居家健診

居家空間的疑難雜症通常來自被忽略的小動作，檢視自我習慣與細節，幫自宅把脈，揪出不適根源，你也能運用幾個簡單的方法，改善房子的壞體質。

實例分享／宜修網站長 蔡明達　撰文整理／李佳芳　圖片提供／宜修網、半畝塘環境整合、和築開發、鈴木木造建築研究所

1 無臭滿庭香的家

2 清靜自然涼的家

3 活氧深呼吸的家

4 指引光明前程的家

5 除病免疫的家

6 把心安放的家

居家達人DATA
蔡明達Mike Tsai
臺大土木所博士，現為逢甲大學兼任助理教授、國立台灣大學營管組博士，研究領域包含健康住宅、建築醫學、綠建築、建築系統規劃，並將專業知識與網路智庫聯結，致力為普羅大眾解決各種住的疑難雜症，現為主持宜修網站、好房屋網站站長，及博客邦公司專案經理。

（圖片／大湖森林）

1

無臭滿庭香的家

臭氣與漏水是居家小範圍內最常見的問題之一，卻也是最擾人、最難以尋找問題癥結的麻煩，很多人不相信，臭氣與漏水，問題往往就出在自宅本身，肇事者通常是水管與管道間！

Q1. 救命啊！我家廁所怎麼惡臭不斷？

廁所逸臭第一個要檢查的，就是掀開天花板，查看管道與牆壁間的縫隙是否有確實填塞，否則再怎麼抽風，廢氣還是回流到室內。要一次解決管道間問題，最好方法還是設計當層排放。雖然自家已設計當層排放，但他戶仍舊將廢氣排入舊的管道間，因此廢棄不用的管道要注意出入口必須確實填塞才行。

管道間沒有確實填封，易造成臭氣回流。（圖片／宜修網）

Q2. 廁所裝了排風扇，室內卻更加濕臭？

廁所臭氣問題的原因，除了落水頭、存水彎造成之外，常常都是因為透過管道間排氣的問題。當然，另一個根源則是排風扇功率太弱，容易有臭氣倒灌進來。此外，廁所裝了排風扇，但是否真的將廢氣排出室外？是不可不注意的要點之一。因為施工者的怠忽，經常有排風扇的風管沒接到管道間的現象，廢氣只是抽到天花板上面，溼氣根本排不出去，還可能溢散到家中其他空間，造成塵蟎問題。排風扇是不是虛有其表，一定要爬上天花瞧一瞧。

廁所經常有抽風沒有排風管的天兵現象。（圖片／宜修網）

Q3. 水管發臭的原因是什麼？如何改善？

常見的案例通常是受限空間或便宜行事，省略了存水彎，使水管臭氣散溢至室內；另外存水彎設計不良也是常見問題，例如與主幹管太近易使水封被水流帶走，或乾濕分離浴室外的落水頭，因不太常使用，水封容易乾涸，都是臭氣有隙可鑽的原因。存水彎的改善方法很簡單，除了加裝之外，別忘了偶爾幫存水彎加水。

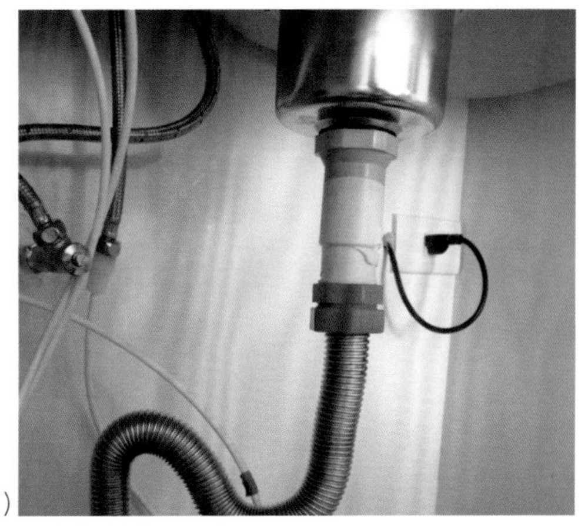

水管必須設計存水彎才能避免發臭。（圖片／宜修網）

Q4. 我家排水管沒有存水彎怎麼辦？

檢查地排有沒有存水彎，只要拿手電筒往內照，如果有反光就表示有，沒有的話得靠後天改善。沒有存水彎的水管最常出現在廚房與陽台，建議可購買有內建水封的落水頭，只要兩、三百元，問題就解決了。

在家可以自行檢查是否有存水彎。（圖片／宜修網）

Q5. 檢視自家是否適合設計當層排放？

現在新建的大樓很多都使用當層排放系統了，若建築本身沒有設計，也可以利用重新裝潢時，在天花板上方設計管道間。空間是否有利設計當層排放，自我檢視的要點有：1.樓高足夠設計管道間。2.兩間以上廁所是否有一間靠外牆。3.通過的樑柱是否預留穿樑套管。4.浴廁間的距離不會太遙遠。若樓板過低、廁所位置分散、樑柱沒有預留套管，往往得犧牲高度產生壓迫感，或管道繞來繞去距離外牆遙遠，都會讓成效打折扣。

自行設計當層排放系統，特別要注意選用排風扇必須要有逆止閥，且馬力充足，最好廁所關燈後還能繼續運轉一會兒才停；此外，排氣管出口要斜向朝下，排放口要加裝魚眼罩，風雨才不易侵入室內。

管道間沒有確實填封，易造成臭氣回流。（空間／半畝塘）

Q6. 為什麼廚房油煙老是排不出去？

油煙機無法發揮功能，多出在油煙機管路設計不良，如果過長或轉彎多都很難讓油煙順暢排出，一旦關掉抽油煙機，廢氣又會回流到室內。另外，坊間也有聞惡劣廠商，沒有將油煙機確實裝上排煙管，導致油煙排放在天花板上，造成屋主嚴重健康傷害的事件，這也是不能不慎的問題。

油煙機管路安裝得宜，會讓烹調時的廢氣排放更為徹底。（圖片／同心圓綠能）

Q7 .改良管道間，讓大樓健康換氣的方法？

管道間是每戶人家排放廢氣的地方，但廢氣有進也要有出，整棟大樓的體質才會好；但一般頂樓「土地公」(管道間出口)的典型作法是靠百葉窗通風，效果不彰，建議可以使用無動力通風裝置，效果較好。

傳統土地公廟的排氣都用百葉，效果有限。
(圖片／宜修網)

管道間屋頂出口建議安裝無動力通風裝置。
(圖片／宜修網)

Q8. 為什麼大樓地下室總是臭氣瀰漫？

地下室最後一層樓的底下，是所謂的建築筏基，筏基內等於大樓運作的後場，裡頭有汙水設施、廢水池、汙水池、消防水池等，為了方便日後維修，通常會在地下室最底層的樓板設置人孔蓋(汙水鑄鐵蓋)。

人孔蓋是防臭的重要因素，如果開車壓到人孔蓋時，聽見鏗鏘聲音，代表人孔蓋的「鑄鐵蓋板」與「鑄鐵蓋的框」沒有設置橡膠條或橡膠條劣化，導致密合度不夠，臭氣因此散逸。此現象在越老的公寓大廈越常見。

地下室除了有著許多汙水、廢水處理設施，同時也常是大樓內的垃圾公用集中區，良好的氣味處置很重要。

（圖片／台亨）

2

清靜自然涼的家

鄰居演奏鋼琴可以令人欣賞，也可讓人抓狂，聲音是引發鄰里戰爭的小開端，你可以透過幾個步驟選對房子、設計好房子，讓彼此的聲音和平相處。

Q1. 這個房子吵不吵？天、地、壁教你快速判斷！

房子的體質吵不吵，牆面與樓板的厚度是關鍵。牆面與樓板厚度至少要12公分才能滿足強度與隔音條件，近年來房子的牆面甚至已做到15～20公分厚，通常老房子較容易有樓板、牆面過薄的現象。樓板低於10公分以下的老房子，容易有嚴重噪音問題，買屋或租屋前可先勘查，房子的樓板多厚，可在梯間或大樓消防梯間開口處觀察判斷。

樓梯間可判斷樓板厚度。

Q2. 木地板隔音怎麼做？

木地板與地面形成的中空縫隙，易導致低頻共震與共鳴，使聲音更為增幅，經常引起樓上與樓下住戶糾紛。木地板的隔音處理工法有二：1.架高地板要緊密鋪上岩棉、隔音氈等，避免共鳴、共震現象。2.不架高的地板，木地板下最好鋪上3mm以上隔音氈，並最好延伸至木板厚度，避免木板與牆壁接觸而產生傳導共震。

家中若是有幼小孩童，不希望打擾到樓下鄰居，可以在裝修時特別處理自家地板隔音。（圖片／台亨）

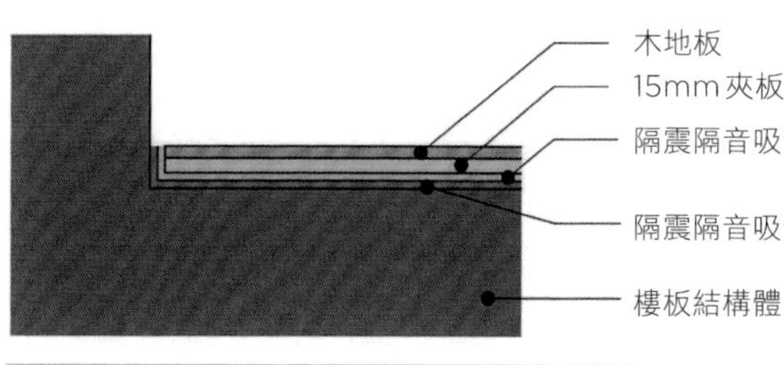

Q3. 隔壁房間很吵，我該怎麼解決？

房間隔音不佳的主因是牆壁不夠厚，砌磚牆時要注意避免用磚塊的短面做厚度，輕隔間牆若使用隔音棉等級不夠也容易出現問題。若是分戶牆隔音不良，問題可能出現在磚牆沒有施作到滿，與樓板留有空隙，成為聲音傳導的路徑。通常會建議分戶牆使用厚度較夠的磚牆，而不使用輕隔間牆。使用輕隔間做為分戶牆，近年來套房租屋經常有聞，看屋時要特別注意。

輕隔間牆。（圖片／宜修網）

Q3. 我家的樓板很薄該怎麼辦？

從天花板傳來的樓上住戶的聲響，是大樓住家偶爾難忍的噪音問題。如何減低樓板傳遞的噪音，最簡單方法是施作天花板。天花板在樓板與空間製造空氣層，可阻擋噪音傳遞，甚者可以加入隔音棉、斷音材等，強化隔音效果；但缺點是會犧牲樓板高度。

Q5. 為什麼半夜經常聽見滾彈珠聲？

滾彈珠的聲音多來自水管中的「水錘效應」，水錘效應是水管內空氣因重力與水管產生共振效應，而發出巨大的聲響，最容易發生在高樓。水錘效應的解決方法是把排水管的材質換掉、增加PVC管的厚度，或者可以加裝水錘接收器，多少能解決問題。

Q6. 玻璃怎麼選，才會兼具隔音、隔熱、節能效果？

生活在都市，容易受環境的噪音影響，隔音問題較容易解決，選擇氣密性足的窗框與5公分以上的複層玻璃，通常可以達到不錯效果。

台灣地區室內外溫差不大，但日照輻射熱卻很驚人，玻璃的遮陽能力相對重要。想要加強玻璃的遮陽能力，單單是把窗戶加厚或使用雙層玻璃的效果有限。通常複層玻璃的技術是用來強化隔熱能力，而非遮陽能力。但具節能功能的玻璃窗，可分做兩方面思考，一是玻璃的隔熱能力、一是玻璃的遮陽能力。國內最常提到能夠大幅度強化遮陽能力的玻璃產品「LOW-E玻璃」，其實是夾入化學反射膜的雙層玻璃，大約可降低一半的太陽入射熱。不過，另一種節能玻璃產品就更有意思了，它其實也是雙層玻璃的一種變化，特點在於將可調整的百葉設計在玻璃裡面，達到有效控制太陽入射率，同時保有易清潔等特性。以上這兩種玻璃產品，是住宅難以加裝遮陽板時不錯的選擇。

貼上網點的LOW-E 玻璃。（圖片／宜修網）

間夾入百葉的雙層玻璃。（圖片／宜修網）

Q7. 屋頂隔熱防曬有沒有經濟又有效的方法？

屋頂防曬不建議使用隔熱漆等化學方法，時效不長，約三到五年就會損毀，且效果不見得好。若請專業工程團隊施工，常見的屋頂隔熱方式是鋪上保麗龍材質或PS發泡材質的隔熱磚，達到隔熱防曬效果；但其實屋頂防曬工程可以自己動手做，只要在輕質空心磚上鋪1.8公分厚的南方松板材，上面再放上盆栽植物就大功告成了！此種方法實驗過，隔熱性不錯，也能增添屋頂休憩功能，且為可移動式，可適應將來變更調整。

自行施工設計的隔熱屋頂，也是漂亮的屋頂造景。（圖片／宜修網）

Q8. 熾熱的西曬問題怎麼解決？

西曬的日射角度很低，若使用外遮陽則面寬要足夠才行，嚴重西曬較直接的解決方法是採取垂直式的遮陽，例如加裝窗簾、木百葉等，若有花台也可種些植物來阻絕陽光的輻射熱，效果也等同於使用窗簾。

1 西曬嚴重的窗戶可加裝具通風的木百葉。（圖片／宜修網）
2 植物來阻絕陽光的輻射熱的效果等同於窗簾。（圖片／宜修網）
3 水平式遮陽的效果通常有限。（圖片／宜修網）

（空間／半畝塘　攝影／Yvonne）

3

活氧深呼吸的家

你呼吸的空氣是一再循環的過期空氣嗎？基於防盜、隔音或冷房考量，現代人生活在換氣不良的空間，病態大樓症候群、空調症頻傳，相當嚇人！想要擁有健康的身體很簡單，從呼氣吐氣開始，讓家開始深呼吸就行了！

Q1. 正對吵鬧路口，開不了的窗怎麼換氣？

針對開窗條件差的房子，全熱交換機提供了解決之道。全熱交換機原本是用來進行餘熱交換，做為空調節能控制的設備，但因為全熱交換機具有低度換氣的功能，被發現很適合用在都市生活空間，或不適合開窗的街屋住宅，可免除粉塵與噪音問題，達到健康換氣效果。

Q2. 全熱交換機怎麼裝？怎麼選？

全熱交換機有一對一或一對多機型，一對一機型適合一般大樓公寓，一對多機型則適合用在垂直分層的透天厝。全熱交換機安裝要配合天花板管道設計，須考慮高度限制。進氣孔與出氣孔的設計原則，遵守通風路徑「客廳進氣，廚房排氣」，或「房間進氣、房外排氣」之原則最好。其次，全熱交換機運轉必然有些許噪音，購買時可依個人接受度選擇機種，安裝時則避免將主機放在臥室附近。

Q3. 你的房子有沒有一個好的「肺」？

客廳就是一個家的肺，也就是家中氧氣的供應中心，這是因為客廳是我們家中最主要的常開空間（門窗常常打開，房間我們會常常關上），是室外新鮮空氣進入的主要通道。客廳的常開性與房屋座向很有關係，座向不對的房子，客廳前陽台朝西，為了阻絕輻射熱跟紫外線，人們常把客廳關起來，這樣一來，就失去進氣口功用。客廳前陽台最佳方位是朝南，台灣夏季南風可以吹入，幫室內自然換氣，減少空調使用。若是朝東的房子，則可利用外推窗形成導風牆，將氣流導入室內。

其次，陽台外推也是犧牲通風面積的殺手之一，外推的窗戶通常緊閉，或者使用大面固定窗，根本沒有留什麼通風面積，長期下來，沉積的氧氣年齡老化，對身體健康也不好。

二次施工的房子通常會將陽台納入客廳，窗戶避免使用固定窗，才能留出通風面積。（圖片／宜修網）

Q4. 安裝固定窗雖然很漂亮，但要怎麼呼吸？

許多住宅為了整體美觀、安全考量，或景觀條件，客廳的開窗往往都使用大面積的固定窗，客廳完全沒辦法導入室外空氣，扮演好居家之肺的角色。固定窗不破壞景致固然漂亮，但要兼具通風的折衷方法，是在固定窗的兩旁設計較小的外推窗，加上空間對角式的開窗設計，讓流入的空氣可以循環後再流出，帶走沉積的老空氣。

固定窗結合外推窗創造對流。（圖片／和築）

Q5. 不裝全熱交換機，還有其他選擇嗎？

一般居家空間，換氣較弱的通常是房間。若不使用全熱交換機，也可加裝窗邊換氣扇。窗邊換氣扇的安裝簡易，不需動用裝潢，可DIY施工，且價格也會比全熱交換機經濟許多。不過，窗邊換氣扇只能解決單一空間問題，無法循環整個室內。如果只有房間的換氣有待加強，不需要任何設備，如房間門或隔間牆設計氣窗，或使用格柵門、魯班門等，都可以防止小空間內二氧化碳超量。

格柵門。（空間／半畝塘 攝影／Yvonne）

（圖片／寬廷設計）

4

指引光明前程的家

燈光絢麗的設計令人眼花撩亂，是否讓你忘了「光」存在的根本機能問題？節能、舒適、充足且明亮的光線，令人心情愉悅地工作與閱讀，對眼睛也相當好，有好的光才看得見美好的未來，不是嗎？

Q1. 如何規劃照明設計，才能達到節能效果？

依照燈具設計位置，可分為天花板面、牆面及地面，各有不同功能，天花板燈源是主要照明，牆面燈源則提供特定局部照明，地面燈源則適合夜間安全性照明（不開大燈時）。這幾類的照明規劃應該採取分區、分段控制，例如依照機能規劃，運用於廚房、臥室、書房等，且營造氣氛的點綴燈光應該具有獨立開關，避免與一般使用燈具開關並聯，以便彈性調整。

大範圍的照明與局部照明，得依使用機能區隔。

Q2. 注意！你家可能不夠亮？

我們經常處於照明嚴重不足的環境，一般人所認知的「光線充足」通常是不夠的。以數據來討論亮度，一般最低的照度要求是500lux，閱讀則需要700lux，且燈光不閃爍；想知道居家是否達到標準，可用照度檢測器測量。若講求燈光氣氛或節能，至少閱讀要加用檯燈才行。此外，每3～4個月定期除塵也是維持家中照度的重要關鍵。

閱讀時的光線是否合宜，是最常被忽略的一環。

Q3. 市售燈泡百百種，
哪一種才是節能、舒適、不熱曬？

照明的舒適與節能，關鍵取決於燈泡選擇。照明光源建議採用T5高效率日光燈或省電燈泡，可兼顧省能及照明品質，盡量少用耗能較高的白熾燈或鹵素燈，這兩種燈泡容易產生高熱，近距離長時間使用較易感到不適，且鹵素燈泡散發的紫外線還可能高出太陽！

T5燈管。（空間／郭文豐　攝影／Yvonne）

Q4. 半夜不用再摸黑如廁，你有不刺眼的夜間照明嗎？

夜間照明，指的是非主要活動時段，即睡覺時間所用的照明。夜間照明是一般居家較少注意的地方，通常來說，大部分照明都是從上方直接照下來，對半夜起來喝水或如廁的人來說，突然的強烈光線對眼睛會是個極大的負荷。許多貼心的高齡住宅設計，都會在床緣附近裝設地燈或低台度的壁燈照明，增加摸黑起床的安全性，甚至還可加上離床感應導引系統，讓燈光導引安全動線，更符合人性需求。

LIVING3.0離床感應導引系統。

（圖片／大湖森林）

5

除病免疫的家

不可思議！時代越進步，房子裡可能的汙染源也越多了！過去鼠蚊蟑螂小奸小惡算不了什麼，當今粉塵、甲醛、揮發性物質充斥，這才是可怕的無形殺手，因此，選擇無毒天然的板材、塗料與黏著劑，是替居家健康把關的第一要務。

Q1. 綠建材是健康住宅的萬靈丹嗎？

甲醛則容易引起腫瘤、染色體異常，現代居家對甲醛問題相當關注，但除了甲醛，TVOC（總揮發性化合物，甲苯、苯類等）問題更為嚴重，TVOC的來源跟甲醛差不多，塗料含量尤其嚴重。

很多人以為，使用綠建材就沒有甲醛、TVOC散逸等問題，小心犯下致病大錯！除了板材，木工黏著劑、油漆都是汙染來源，小而密閉的空間若裝潢過度，也可能有甲醛含量超標的危險，辦公室主管房、主臥室或小套房最常出現此類狀況。使用綠建材得配合輕裝修，並且家具、木地板等盡量不刷油漆才是健康之道。

Q2. 居家除醛大作戰？

甲醛的散逸時間很長，甚至有案例達10年之久，使用空氣清淨機僅能控制小範圍內的甲醛含量，最有效控制甲醛的方式是透過換氣，或是使用光觸媒將甲醛與其他物質結合轉化掉。研究指出，也可在家中種植吊蘭、蘆薈、山蘇、虎尾蘭等植物，這類植物多少可效降低室內甲醛濃度，但效果較慢。

Q3. 避免粉塵的裝修手法？

建築材料在製造時或是處於進行裝修過程中，所散溢出來之化學揮發性有機物(VOCs)，不僅造成污染，也危害到人體；為了符合生態自然與降低環境能源的需求，室內之減少裝修格外重要。而國內常用的鋼筋混凝土建築，每平方公尺樓地板在施工階段約產生1.8公斤粉塵，對人體危害不淺，建議裝修多使用輕式或乾式施工，如隔間牆盡量採輕隔間或白磚，避免使用混凝土或紅磚，減少水泥粉刷、敲除作業、廢棄物產生。

Q4. 防止室外粉塵，開窗有一套？

雖說為了室內通風，保持開窗是必要的，但都市環境空氣汙染指數高，空氣中的懸浮粒子容易引起心血管疾病，不可不注意。根據台大醫院研究發現，窗戶全開，室內懸浮微粒濃度會比關窗來得高，易提高居住者罹患心血管疾病的風險。

臨大馬路的房子的最佳開窗方式，是留10公分縫隙，並加掛窗簾，使空氣流通，降低懸浮微粒飄進室內的機會。

都會區的車流量較大，有時開窗反而會讓室內空氣更為惡化。

Q5. 房子「濕」體質，健康容易出狀況？

濕氣問題是健康受損的前兆，台灣相對濕度本來就較高，一旦悶濕就容易孳生黴菌、細菌，若牆面(壁紙)出現壁癌、水痕、發霉就是房子出狀況的前奏。壁癌是水泥構造物受水侵蝕後，劣化過程的一種現象，也是學名中所謂的白華現象或稱析晶的一種；因此壁癌可視為牆壁漏水的一種現象，有可能是牆壁內的水管裂化漏水、外牆龜裂滲水，或緊臨的浴廁漏水等，一定要立刻找出問題點，以免擴大為健康問題。

Q6. 大樓居家用水的品質怎麼把關？

公寓大廈的水塔可定期清洗，但水管卻是洗不到的死角，靠濾水器來提升用水品質是最末端的做法，改善水質的根本之道是定期更新送水管(建議五年一次)，現在大樓的管線設計多走明管，水管要維護或更換都很方便。若不確定家中水管狀況，可請人以內視鏡查看。

Q7.老房子的水管如何汰舊換新？

年紀大的老房子給水、排水管多埋在牆壁裡，建議重新裝修時直接廢棄原本的管路，重新設計明管水管，以便日後清洗更換。老房子要注意的水質危機，是少數老宅仍然使用鉛管的問題。使用老舊鉛水管的地區，水質易受到鉛質污染，飲水中的鉛比空氣與粉塵中的鉛，更容易被身體吸收，喝多了容易傷腎，買屋或租屋前可先詢問自來水處，是否區域的供水管為日據時期的鉛管。若一時無法改善，可先裝置逆滲透純水設備，否則就只好另外買純水飲用，且清晨或假日後的第一道自來水含鉛量最高，應避免飲用。

Q8.家中最常見的電磁波危機是什麼？

歐洲研究指出，電磁波可能導致幼童容易患得血癌，是家中潛藏的健康危機。許多人擔心基地台的電磁波問題，但其實手機通話的時候，電磁波強度甚至比基地台還高！

電磁波隨距離遞減很快，多數居家電磁波問題都是近距離、長時間使用電器，譬如便利商店員緊貼微波爐工作就相當危險。要避免電磁波危機不難，只要注意使用電器至少距離一公尺以上，配電箱不要設置在沙發或床旁邊即可。

家中較容易近距離使用的電器，通常是冬天的暖爐。經過實測，葉片式電暖爐幾乎沒有超標問題，鹵素燈與石英管電暖爐的電磁波也在安全範圍，但前者易發熱，後者則有燃燒問題，要小心使用以免意外；而陶瓷式電暖爐較危險，切勿近距離使用。

註　可自家檢測電磁波，購買儀器有單軸與三軸兩種，三軸較準，不過單軸做為初步檢測就很夠用了。

Q9.鼠蚊蟑螂可不可以不要來？

不知從哪裡飛進來的蚊子，是夏季惱人的問題。不妨先在進出的前後門，請廠商或自行DIY裝設折疊式紗門，有效地將蚊子隔組在外。此外，蚊蟲問題大多來自家中既有開口，容易忽略的地方是排油煙機的排煙口、冷氣開口、落水孔，這些開孔記得裝上細紗網，而落水頭使用具有開關或內建水封的地排，還可避免蟑螂入侵。

折疊式紗門打開時，可隱藏收入窗框，防蚊又不礙行走。

（攝影／王正毅　空間／鈴木木造建築）

6

把心安放的家

儘管夠小心了，但仍不時聽聞不幸的消息，家是避風港，別讓自己輕忽設下危險陷阱，居家安全的重要須知，你一定要知道且做到。

Q1. 小心買到一氧化碳中毒屋？

管道間是一般住家難以注意的死角，除了自家管道間確實封填外，也得注意整棟大樓的管道間出口是否通暢。許多大樓為了避免風壓從管道倒灌，吹壞住戶廁所的PVC天花板，因此將頂樓的封死，容易導致一氧化碳中毒或臭氣問題。你家的管道間是隱形殺手嗎？趕緊查看一下吧。

Q2. 地下室不臭氣？

除了臭氣問題，地下室最危險的問題在於二氧化碳濃度，尤其獨棟建築的地下室更是嚴重。二氧化碳濃度過高，對於長時間停留在地下室工作的清潔人員容易發生中毒狀況，會有致命危險，地下室必須裝設中繼風扇、抽風扇或全熱交換機，隨時將廢氣排出、導入新鮮空氣才行。

Q3. 裝修不能只愛面子，裡子的防火設計怎麼做？

不要使用易燃的裝修材料是防範火警的第一步。美美的天花板或木作內，到底使用什麼材料必須格外注意，尤其若有添加隔音材料，由於隔音材通常是棉料，雖說許多隔音材已經耐燃處理，但是高危險的死角，特別在走天花板的電線，應該加用PVC管保護，以免「相打電」引起火花燃燒。

Q4. 自行安裝火警感知器的重要關鍵？

Sensor就是感知器，也就是整個消防安全管理系統的第一道警戒線，安裝不同的功能的Sensor，就可以知道你家的消防是否安全。

Sensor分類大約如下：定溫型、溫差型、偵煙型、一氧化碳偵測等，各種類型的啟動條件不同，必須視空間類型安裝。

1. 定溫型：在室溫攝氏20度昇至攝氏85度時，可於7分鐘內發出警報。通常裝在客廳、臥室這種不會有火源的地方。

2. 差動型：裝置點溫度若平均每分鐘攝氏10度上昇時，能在4.5分鐘即行動作，若通過氣流裝置處的室溫高出攝氏20度時，也能在30秒內發出警報。通常裝在經常使用火源的場所，如廚房。

3. 偵煙型：裝置點煙霧或粉塵濃度到達8%遮光程度時，能在20秒內動作。通常大量使用在廠房、醫院、飯店等公共空間，最主要就是要能快速的知道哪裡有發生異常現象。

4. 一氧化碳型：法規並沒有強制裝設，但台灣頻傳一氧化碳中毒新聞，建議可買一台放在浴室、廚房，或是較不通風且在瓦斯源附近。

Tips：火警感知器自行安裝記得保護蓋要拔起來，才有警報功能。這點雖是小細節，但卻經常被忽略呢！

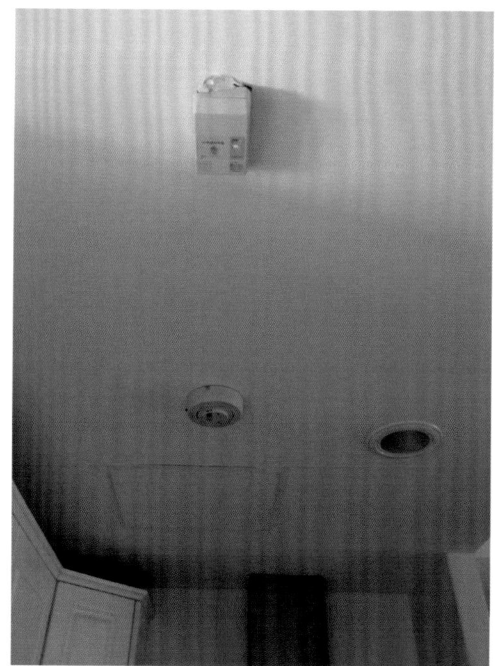

火警感知器種類不同，得依需求選購。

Q5.亂打外牆可能傷害房子的防火皮膚？

這個問題最容易出現在老屋翻新，法規規範陽台女兒牆與樓下樑相加的高度必須大於90公分，或凸出雨批必須有50公分，這都是有消防上的考量；但翻新時，女兒牆經常被忽略、拆除，甚至有前後兩戶都加建後陽台，將防火巷堵死的狀況。一旦火警發生，火勢容易向上捲燒蔓延，不可不慮。

Q6.浴室容易發生感電事故？

「電」無影無蹤，為了防止不知情下發生漏電，導致使用者因電擊傷亡，浴室、廁所、陽台等較潮濕空間的插座，建議加裝蓋子與漏電斷路器，避免潑水引起導電、漏電。但有漏電斷路器的插座較不常見，安裝時必須請專業技師施工才有保障。

易遇水潑的插座，得加蓋或使用防水插座。（空間／半畝塘）

Q7.熱水器怎麼裝才安全？強制排氣熱水器如何分辨？

熱水器不可安裝在室內，定要安裝在通風良好的陽台，平常避免在陽台晾掛太多衣物，以免阻礙通風，發生一氧化碳中毒。若外推或裝有窗戶的陽台，則必須安裝強制排氣熱水器（或電熱水器），不過很多人以為裝了鋁風管的熱水器就叫做強制排氣熱水器，但真正的強制排氣熱水器是內部設置排氣風機（一般稱為FE式），才可將廢氣經排氣管強制排放至屋外，且安裝熱水器最好由合格技師安裝。

強制排煙熱水器內部設置風扇，可將燃燒廢氣排出室外。

健康宅【全家大滿足版】
觀念+設備+工法，小升級換大舒適，住好家越住越健康

作　　者　李佳芳、魏賓千、李寶怡、劉繼珩、詹雅蘭
美術設計　IF OFFICE
校　　對　吳佩芳
企畫編輯　詹雅蘭
行銷企劃　郭其彬、王綬晨、夏瑩芳、邱紹溢、呂依緻、張瓊瑜、陳詩婷
總 編 輯　葛雅茜
發 行 人　蘇拾平

出　　版　原點出版 Uni-Books
Facebook　Uni-Books 原點出版
Email　uni.books.now@gmail.com
台北市105松山區復興北路333號11樓之4
電話　02-2718-2001　傳眞　02-2718-1258

發　　行　大雁文化事業股份有限公司
台北市105松山區復興北路333號11樓之4
24小時傳眞服務　02-2718-1258
讀者服務信箱 Email　andbooks@andbooks.com.tw
劃撥帳號　19983379
戶　　名　大雁文化事業股份有限公司

香港發行　大雁（香港）出版基地・里人文化
地　　址　香港荃灣橫龍街78號正好工業大廈25樓A室
電話　852-24192288　傳眞　852-24191887
Email　anyone@biznetvigator.com

初版一刷　2012年10月
定　　價　399元
ISBN　978-986-6408-62-5

健康宅【全家大滿足版】觀念+設備+工法，小升級換大舒適，住好家越住越健康 / 原點編輯部
-- 初版. -- 臺北市：原點出版：大雁文化發行,
2012.10　240 面；17×23 公分
ISBN 978-986-6408-62-5（平裝）
1.綠建築 2.健康居家 3.裝潢 4.設計師

441.577　　101014894